U0257902

2014 年国家社科重大招标项目"食品安全风险社会共治"（14ZDA069）专辑

中国食品安全治理评论

2015 年第 1 卷
总第 2 卷

CHINA FOOD SAFETY MANAGEMENT REVIEW

江苏省食品安全研究基地主办
主编　吴林海
执行主编　王建华

2015
Number 1
Volume 2

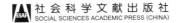
社会科学文献出版社
SOCIAL SCIENCES ACADEMIC PRESS (CHINA)

《中国食品安全治理评论》编委会

顾　　　问：孙宝国　北京工商大学

主 任 委 员：钟甫宁　南京农业大学

副主任委员：吴林海　江南大学

　　　　　　徐立青　江南大学

　　　　　　浦徐进　江南大学

委　　　员：（以姓氏笔画为序）

　　　　　　王志刚　中国人民大学

　　　　　　王建华　江南大学

　　　　　　文晓巍　华南农业大学

　　　　　　尹世久　曲阜师范大学

　　　　　　朱　淀　苏州大学

　　　　　　朱晋伟　江南大学

　　　　　　乔　娟　中国农业大学

　　　　　　刘焕明　江南大学

　　　　　　江　波　江南大学

　　　　　　孙世民　山东农业大学

　　　　　　李哲敏　中国农业科学院

　　　　　　李翠霞　东北农业大学

肖显静　中国社会科学院

应瑞瑶　南京农业大学

张越杰　吉林财经大学

陈　卫　江南大学

陈正行　江南大学

林闽刚　南京大学

金征宇　江南大学

周洁红　浙江大学

周清杰　北京工商大学

赵敏娟　西北农林科技大学

胡武阳　美国肯塔基大学

黄卫东　南京邮电大学

樊红平　国家食品药品监督管理总局

目　录

食品生产经营主体行为研究

食品消费偏好与行为研究

政府监管与舆情研究

CONTENTS

Food Production Operators Behavior Research

Food Consumption Preference and Behavior Research

Food Safety Law and Public Opinion Research

食品生产经营
主体行为研究

猪肉安全事件冲击下小规模生猪养殖户风险防范技术使用态度研究[*]

王晓莉　姚智文[**]

摘　要：通过对 2005～2014 年爆发的猪肉安全事件的分析发现，52%以上的风险为生猪养殖环节的化学性风险，与小规模生猪养殖户的化学投入品滥用行为密切相关。猪肉安全事件化学性风险的地域分布表明，江苏省处于中度风险区域。本文以江苏生猪主产区的 364 家小规模生猪养殖户为例，基于技术接受和使用统一理论，利用结构方程模型分析影响其对风险防范技术的使用态度的主要因素。研究发现，事件影响、绩效预期、努力预期、便利条件、养殖户特征均显著影响其对风险防范技术的使用态度，而事件影响和绩效期望的作用分列前两位。因此，在猪肉安全事件的冲击下，可以通过适时引导、适度支持小规模生猪养殖户主动参与风险防范技术的培训等形式，形成易学、易操作的小规模生猪养殖户化学性风险防范技术体系，推动养殖户、市场、政府共同参与食品安全治理。

关键词：猪肉安全事件　小规模生猪养殖户　风险防范技术　使用态度　UTAUT

一　引言

随着经济的全球化以及网络信息技术的快速发展，食品安全事件频繁

---

[*]　2014 年度国家社科基金第一批重大项目"食品安全风险社会共治研究"（14ZDA069）；江苏省高校人文社科优秀创新团队建设项目"中国食品安全风险防控研究"（2013CXTD011）；江南大学自主科研计划重点项目"中国食品安全风险防范管理研究"（JUSRP51325A）。

[**]　王晓莉（1974～），女，江苏南京人，博士，江南大学商学院副教授，江苏省食品安全研究基地，研究方向为食品安全管理；姚智文（1995～　），男，吉林人，江南大学商学院学生。

发生。自 1998 年发生香港居民食用大陆供港猪内脏中毒事件之后，我国陆续发生多起食品添加剂滥用事件。究其根源可以发现，经济主体往往出于经济利益考虑选择不规范的生产经营行为，这是食品安全风险的重要来源。以生猪养殖过程中的抗生素使用为例，目前我国 70% 以上的生猪由农户散养，加上国内关于农产品体内抗生素含量的行业标准尚处于空白或半空白状态，因此小规模、分散型养殖户滥用抗生素的问题尤其突出[1]。虽然使用抗生素具有遏制细菌生长和促进畜禽生长的双重作用[2]，但滥用抗生素所产生的食品安全风险更具持久性、复杂性、隐蔽性和滞后性[3]，成为诱发猪肉安全风险的关键因素。尤其需要关注的是，我国相继发生猪肉瘦肉精中毒等食品安全事件，就是因为忽视了对小规模、分散型养殖户生产环节的监管，其在养殖过程中没有采用化学性风险防范技术，使有毒、有害物质进入生猪本体，造成猪肉安全风险[4]，直接导致饲料中激素泛滥且不时出现违法添加瘦肉精等普遍现象，严重影响了猪肉安全[5,6]。因此，有研究曾明确指出，我国猪肉安全风险更多且直接地与小规模生猪养殖户在养殖环节违规使用兽药行为相关[7]。

实际上，作为全球第一猪肉生产大国和第一猪肉消费大国，2013 年我国猪肉产量已经超过 5000 万吨，约占世界猪肉总产量的一半。2012 年我国城市居民和农村居民的猪肉消费量占肉类消费量的比重分别为 59.45% 和 69.06%。产量和市场需求如此之大，供给方却是占生猪养殖户 98.9% 的、生猪年出栏量少于 10 头的众多小规模生猪养殖户[8]。面对我国生猪养殖户面广、量大的分散型布局，政府单向监管势必存在相当大的困难。如何破解我国生猪养殖分散化、小规模的生产经营方式与食品安全风险治理内在要求的矛盾，人民群众日益增长的食品安全需求与食品安全风险日益显现的矛盾，有限的监管资源与相对无限的监管对象之间的矛盾，以及安全风险的复杂性、多元性与生产技术保障能力之间的种种矛盾都将成为未来一段时期内我国食品安全治理的新课题。在频发的猪肉安全事件的冲击下，分析生猪养殖主产区小规模生猪养殖户对化学性风险防范技术的使用，无疑具有重大的实践意义。小规模生猪养殖户从生产源头预防猪肉安全风险，才是解决上述矛盾的最佳方式。

江苏作为我国生猪主产区之一，2013 年的肉猪出栏量在全国排在前 10

位，且目前生猪养殖户仍主要是年出栏量为 10 头以下的小规模养殖户。本文通过对江苏小规模生猪养殖户的调查，基于技术接受和使用统一理论模型（Unified Theory of Acceptance and Use of Technology，UTAUT），分析在我国各地陆续爆发猪肉安全事件的背景下，影响这些小规模生猪养殖户对化学性风险防控技术的使用态度的主要因素，为从生产源头上保障我国猪肉安全提供佐证。

二 我国猪肉安全事件与养殖环节的化学性风险

（一）猪肉安全事件爆发与化学性风险

为研究我国猪肉安全事件爆发的根源，本文从中国食品安全资源数据库、国家食品安全信息中心、各大主流媒体论坛，以及微博、博客等全国知名的自媒体搜集了关于 2005～2014 年我国各个区域猪肉安全事件的报道。数据表明，2005～2014 年，我国共爆发 128 起猪肉安全事件，总体呈现剧烈震荡态势（见图 1）。其中，2005～2010 年先后经过两次小幅上升和小幅下降，在 2011～2012 年维持最高事件数，均达到 27 起。2012～2014 年则持续下降，2014 年减少到 6 起。2009 年我国《食品安全法》的颁布和实施，对 2010 年食品安全事故发生次数的降低具有重要贡献。2011年我国饲料和猪肉价格飞速上涨，相较于 2010 年，价格指数分别提高 7.6个和 37.3 个百分点。在这其中，为了降低生产成本，生产者频繁实施掺假

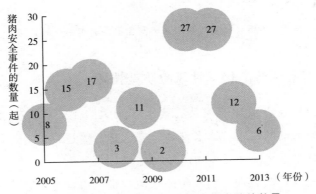

图 1　2005～2014 年我国猪肉安全事件的数量

或非法添加化学品的行为，一度导致 2011 年和 2012 年猪肉安全事件的数量飙升。但随着政府加强监管，2013 年我国猪肉安全事件的数量呈现明显下降态势。

我国猪肉安全事件主要源于化学性风险、物理性风险和微生物风险。2005～2014 年的统计数据表明，49% 的猪肉安全事件源于化学性风险，其中包括瘦肉精、二噁英、莱克巴胺、沙丁胺醇、色素等化学品的违法、违规添加。41% 的猪肉安全事件源于物理性风险，大多数与病死猪肉、注水猪肉、肉中混有异物、屠宰加工场所卫生不达标等有关。与国外情况不同，包括"细菌门"事件在内，我国源于微生物风险的猪肉安全事件最少，仅占 10% 左右。

通过这些数据还可以发现 2005～2014 年我国猪肉安全事件的化学性风险分布情况（见图 2）。

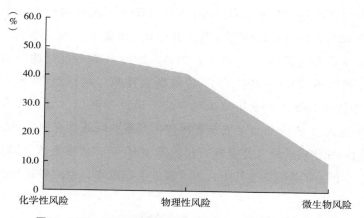

图 2　2005～2014 年我国猪肉安全事件的主要来源分布

（二）养殖环节的化学性风险防范技术

生猪养殖户在养殖环节涉及的猪肉安全风险主要存在于畜舍清洁消毒、饲料及添加剂的使用、饮水管理、疫病防治等过程中，分别归类为物理性风险、化学性风险和微生物风险（见表 1）。

按照我国《兽药管理条例》中的相关规定，兽药是养殖户为预防、治疗、诊断动物疾病或者有目的地调节动物生理机能而采用的物质（含药物

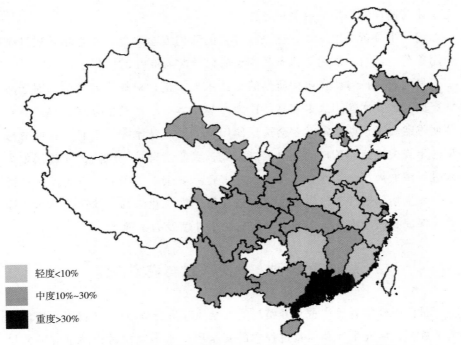

轻度<10%

中度10%~30%

重度>30%

图 3   2005～2014 年我国猪肉安全事件的化学性风险分布情况

表 1   生猪养殖环节的安全风险归类

风险识别	风险归类
畜舍清洁消毒	物理性风险
饲料及添加剂的使用	化学性风险、微生物风险
饮水管理	微生物风险
疫病防治	微生物风险

饲料添加剂）。而猪肉的化学性风险主要是由滥用西药、生物制品、消毒药等造成的。其中涉及的化学性风险防范技术包括：明确不使用国家禁止的兽药；严格按照养殖的实际情况合理使用兽药，以避免达不到效果甚至危害生猪，或严格执行休药期的有关规定；规范合理地采用兽药贮存技术，使其不变质、不失效。另外，生猪养殖环节有关饲料添加的化学性风险防范技术至少应包括：不使用国家明令禁止的饲料原料配制饲料，不滥用制药副产品等做饲料原料，饲料及饲料添加剂中不得含有国家法律法规禁止的化学品；根据养殖情况合理使用饲料、药物添加剂技术，严格执行

生猪休药期饲料添加的有关规定。

进一步分析可以发现，这些年爆发的猪肉安全事件，与生猪养殖环节滥用兽药、饲料添加剂等化学品相关的化学性风险占 52% 以上。

目前农业技术研发机构研发的新技术大多是针对规模农户的，对于小农户而言，技术使用成本较高。作为市场主体，小规模生猪养殖户只有在预期收益高于预期成本时才会选择使用新的生产技术[9]。而且，这些分散型的小规模生猪养殖户的风险偏好较大，更愿意冒较大风险，实施诸如投入过量添加剂等化学性风险行为，危害食品安全[7]。因此，在食品生产源头——生猪养殖环节，向小规模生猪养殖户推广化学性风险防范技术，应成为保证我国猪肉安全、减少猪肉安全事件爆发的关键。

三 文献梳理、研究假设与模型构建

目前国外学者更注重对养殖场的安全风险进行分析[10]，利用初始危害水平数据，研究生产和消费过程中的安全风险水平，探讨食品供应链的早期风险识别问题[11~13]。而国内研究则强调构建食品安全风险评估体系[14]，推动建立全局供应链风险分级评价指标体系[15]。目前鲜有学者在食品安全事件频发的背景下，分析生猪养殖户对新技术的使用态度，研究如何从供应链源头推广风险防范技术，实现由"风险控制"向"风险预防"转变。目前，有关农户新技术使用的研究主要包括以下几方面。

（一）绩效期望

Mendola 曾提出，新技术的采用可以有效增加贫困地区农户的收入，从而明显改善其福利[16]。这也在 Subramanian 和 Qaim 对印度小农户的研究中得到进一步证实，即小农户可以从新技术使用中获得更多收入[17]。更多研究证实，多数农户认为在生产中使用新技术有助于减少化学投入品的使用，达到增加产量、提高收益与降低成本的目的[18,19]。韩洪云和杨增旭认为，小农户能够通过采用新技术增加农产品产量，从而获得超额收入，但随着采用新技术的农户数量的增加，新技术所带来的超额收入会逐步消失[20]。

（二）努力期望

曹建民等发现，农户采用新技术是一个不断修正的过程[21]。纪丕霞对山东省农户的实证调研发现，小农户对农业新技术的需求很强烈，在要求趋于多样化的同时，易掌握、易操作的生产性农业技术仍然是农户首选[22]。对具有长远影响以及属于劳动节约型的技术的需求也变得更为强烈[23]。

（三）事件影响

张宁等认为单个成员往往无力应对重大突发事件的冲击，可以通过供应链节点成员间的联盟或协作，利用合同或契约的方式实现风险共担、资源和利润共享[24]。由于小农户的抗灾能力弱，面对食品安全事件可能带来的市场波动，农户往往缺乏科学明晰的应急管理模式，要么完全依赖政府，要么完全依赖市场[25]。就目前情况而言，受到农产品安全事件冲击的农户，已经越来越多地采取相应的风险应对策略，以减少损失[26]。

（四）便利条件

Kitchen等明确指出，为便于农户掌握新技术，应将科技教育培训纳入农业科技服务体系，对农户进行科技教育，以利于形成对新技术的有效需求[27]。黄武通过对江苏省种植农户的研究发现，农户技术需求与技术供给之间确实存在较大差距，现有农技推广体系无法为农户提供学习和掌握新技术的便利条件[28]。越来越多的学者意识到了农业新技术推广中供需不匹配的问题[29]，农户的期望较高，农户信赖和认可的科技服务供给主体逐步呈现多元化趋势[30]。公共组织的科技服务供给成为新技术顺利植入农业生产的关键[31]。

（五）养殖户特征

不同的人在相同的环境中面对同样的决策问题时会具有不同的心理反应，张舰和韩纪江认为年龄对农户采用新技术具有较显著的影响[32]。因此，农户自身特征将影响其对新技术的需求和选择[33]。孙国梁等也证实，农户年龄、受教育程度等会显著影响其对新技术的需求[34]，从而针对相同技术做出不同决策[35]。实际上，相同的新技术也会对不同农户产生具有差异性的效果[36]。

本文基于 Venkatesh 和 Davis 的 UTAUT 模型[37]，以小规模生猪养殖户为决策主体，从绩效预期、努力预期、事件影响和便利条件等方面分析其对化学性风险防范新技术的使用态度。相关的研究假设如下（见图4）。

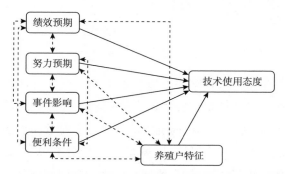

图4　基于 UTAUT 构建养殖户化学性风险防范新技术使用态度模型

H_1：养殖户对化学性风险防范新技术的绩效预期正面影响其技术使用态度。

H_2：养殖户对化学性风险防范新技术的努力预期正面影响其技术使用态度。

H_3：养殖户受到的猪肉安全事件的冲击正面影响其技术使用态度。

H_4：养殖户使用化学性风险防范新技术的便利条件正面影响其技术使用态度。

H_5：养殖户的个人特征（年龄和受教育程度）影响其新技术使用态度。

H_6：养殖户的绩效预期、努力预期、事件影响和个人特征间两两交互作用，共同影响其对化学性风险防范新技术的使用态度。

四　数据搜集与研究设计

（一）样本选取

江苏省是我国生猪养殖的主产区之一，2013年的生猪出栏数量排在全国前 10 位。而盐城市是江苏省的主要生猪养殖区，2013 年的猪肉产量达到 57.23 万吨，名列全省各地市首位[38]。其中，盐城市阜宁县是江苏省闻名的生猪养殖大县，连续 15 年被评为江苏省"生猪第一县"，素有"全国苗猪之乡"之称。2011 年和 2012 年该县生猪出栏量分别为 157.66 万头和 166.16 万头，生猪养殖是当地农户家庭经济收入的重要来源，且以小规模、分散型的农户为主。本次调查面向江苏省盐城市阜宁县辖区内所有的 13 个乡镇，于 2014 年 1～3 月展开，共调查 13 个村民小组（每个村民小组的村民家庭数量不等，以 40～60 户为主）。剔除了少量生猪年出栏量多于 10 头的养殖户样本后，共获得有效的小规模生猪养殖户样本 654 份。

本文中的小规模生猪养殖户样本均认为其生猪养殖行为已经不同程度地受到我国猪肉安全事件的冲击，并表示对目前生猪养殖过程中的化学性风险防范技术有所了解。

（二）结构模型的变量定义与指标量化

如图 4 所示，本文构建的结构方程模型涉及 5 个外生潜变量，包括养殖户特征、绩效预期、努力预期、事件影响和便利条件，养殖户对化学性风险防范技术的使用态度是内生潜变量。各潜变量分别包括两个测量指标，相关的变量定义与测量指标及其赋值如表 2 所示。

表 2　模型的变量定义与指标量化

潜变量	测量指标	符号	赋值
养殖户特征	年龄	AGE	40 岁以下 = 1；40 岁及以上 = 2
	受教育程度	EDU	高中以下 = 1；高中及以上 = 2
技术使用态度	这些技术可以较好地防控猪肉安全风险	A1	1 = 非常不同意；2 = 不同意；3 = 比较不同意；4 = 中立；5 = 比较同意；6 = 同意；7 = 非常同意
	愿意使用这些技术防控猪肉安全风险	A2	1 = 非常不同意；2 = 不同意；3 = 比较不同意；4 = 中立；5 = 比较同意；6 = 同意；7 = 非常同意

续表

潜变量	测量指标	符号	赋　值
绩效预期	这些技术可以增加生猪出栏量	PE1	1＝非常不同意；2＝不同意；3＝比较不同意；4＝中立；5＝比较同意；6＝同意；7＝非常同意
	这些技术可以有效降低料肉比	PE2	1＝非常不同意；2＝不同意；3＝比较不同意；4＝中立；5＝比较同意；6＝同意；7＝非常同意
努力预期	这些技术容易操作	EE1	1＝非常不同意；2＝不同意；3＝比较不同意；4＝中立；5＝比较同意；6＝同意；7＝非常同意
	这些技术容易掌握	EE2	1＝非常不同意；2＝不同意；3＝比较不同意；4＝中立；5＝比较同意；6＝同意；7＝非常同意
事件影响	安全事件促使养殖户主动使用这些技术	CI1	1＝非常不同意；2＝不同意；3＝比较不同意；4＝中立；5＝比较同意；6＝同意；7＝非常同意
	安全事件推动消费者要求养殖户使用这些技术	CI2	1＝非常不同意；2＝不同意；3＝比较不同意；4＝中立；5＝比较同意；6＝同意；7＝非常同意
便利条件	政府为使用这些技术提供扶持	FC1	1＝非常不同意；2＝不同意；3＝比较不同意；4＝中立；5＝比较同意；6＝同意；7＝非常同意
	目前养殖户自己有条件使用这些技术	FC2	1＝非常不同意；2＝不同意；3＝比较不同意；4＝中立；5＝比较同意；6＝同意；7＝非常同意

五　实证检验与结果分析

（一）信度检验

信度可反映测验结果（数据）的一致性、稳定性及可靠性。本文利用 SPSS16.0 软件，选取克伦巴赫 α 系数对样本数据进行信度检验。各维度的 Cronbach－α 值都在 0.7 以上，整体的 Cronbach－α 值为 0.847，表明样本数据具有较好的内部一致性，符合规定的要求和研究假设，信度较好。

（二）效度分析

基于 UTAUT 的调研问卷的潜变量维度构想和问卷的题项设定均来自相关文献，经过生猪养殖技术推广专家以及农林管理相关专家的修改并得到最终认可，在一定程度上确保了问卷具有良好的内容效度。

因子分析的适当性 KMO 检验及球型检验结果显示，KMO 值为 0.732，Bartlett 球型检验的近似卡方值为 692.718，显著性水平低于 0.001，拒绝接受单位相关矩阵的原假设，适合进行因子分析。根据特征值大于 1 的准则和碎石图检验准则，对表 2 中的所有变量运用主成分分析法抽取公因子，共获得 4 个公因子并解释了 73.947% 的总方差。运用方差最大法进行正交旋转后所得的因子负载值结果如表 3 所示，问卷的结构效度良好，指标得以确认。

表 3　因子旋转后载荷矩阵数值

成　　分	1	2	3	4
PE1	0.852	0.069	0.261	−0.063
PE2	0.828	0.056	0.279	−0.060
FC1	0.633	0.350	−0.066	0.097
FC2	0.577	0.377	−0.372	0.054
CI1	0.144	0.874	0.155	−0.109
CI2	0.133	0.869	0.179	−0.151
A1	0.498	0.578	0.344	0.158
A2	0.477	0.574	0.386	0.179
EE1	0.164	0.140	0.825	0.007
EE2	0.110	0.304	0.789	−0.086
AGE	−0.015	−0.004	−0.083	0.893
EDU	0.037	−0.098	0.034	0.870

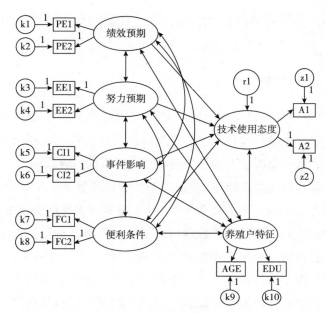

图 5 本研究的结构模型路径

（三）模型拟合结果及讨论

经过信度和效度检验后，建立如图 5 所示的结构方程模型（Structural Equation Modeling，SEM）的路径图。

利用 AMOS18.0 软件对图 5 进行拟合，假设模型并未出现违犯估计[39]。各评价指标基本达到理想状态，模型整体拟合性较好，因果模型与实际调查数据契合，路径分析的假设模型有效。结果如表 4 所示。

表 4 SEM 变量间的回归权重

结构模型							
路 径			参数估计值	标准误差	临界比	标准化路径系数	P 值
技术使用态度	←	绩效预期	0.400	0.117	3.421	0.296	***
技术使用态度	←	努力预期	0.464	0.141	3.291	0.276	0.001
技术使用态度	←	事件影响	0.377	0.082	4.587	0.394	***
技术使用态度	←	便利条件	0.418	0.178	2.345	0.217	0.019
技术使用态度	←	养殖户特征	0.971	0.357	2.721	0.207	0.007

续表

测量模型							
路　　径			参数估计值	标准误差	临界比	标准化路径系数	P 值
AGE	←	养殖户特征	1.000	—	—	0.659	—
EDU	←	养殖户特征	1.352	0.446	3.032	0.909	0.002
A1	←	技术使用态度	0.991	0.084	11.744	0.873	***
A2	←	技术使用态度	1.000	—	—	0.893	—
PE1	←	绩效预期	1.086	0.114	9.553	0.916	***
PE2	←	绩效预期	1.000	—	—	0.887	—
EE1	←	努力预期	1.000	—	—	0.723	—
EE2	←	努力预期	1.418	0.250	5.676	0.922	***
CI1	←	事件影响	0.943	0.086	11.001	0.917	***
CI2	←	事件影响	1.000	—	—	0.909	—
FC1	←	便利条件	1.338	0.295	4.537	0.879	***
FC2	←	便利条件	1.000	—	—	0.635	—

注：*** 表示 P 值小于 0.001，拟合结果最为显著；临界比等于参数估计值与估计值标准误差的比值，相当于 t 检验值，此值的绝对值大于 1.96，表示参数估计值达到 0.05 的显著性水平，绝对值大于 2.58，则表示参数估计值达到 0.01 的显著性水平。带"—"的四条路径表示其作为 SEM 进行参数估计的基准。

1. 结构模型的路径分析

表 4 显示，绩效预期、努力预期、事件影响、便利条件和养殖户特征 5 个潜变量的标准化路径系数分别是 0.296、0.276、0.394、0.217 和 0.207。上述 5 个潜变量对小规模养殖户的新技术使用态度均具有显著的正向影响。

第一，事件影响的标准化系数最大，表明在化学性风险防范新技术的推广中，养殖户受到的食品安全事件的冲击对其接受新技术的态度影响最大，假设 H_3 成立。这一结果也表明，对于小规模养殖户而言，猪肉安全事件极有可能促使其主动使用化学性风险防范新技术，当然市场需求也可能间接影响其对化学性风险防范新技术的使用态度。

第二，绩效预期的标准化路径系数为 0.296，表明其对养殖户的新技术使用态度影响较大。同时，更多的小规模养殖户期望通过采用新技术增加生猪出栏量、降低料肉比。本研究的假设 H_1 成立。

第三，努力预期的标准化路径系数为 0.276，本研究的假设 H_2 得到验证。该结果表明，对于小规模生猪养殖户而言，简单易学、易操作的技术可以显著影响其对化学性风险防范新技术的使用态度。

第四，便利条件的标准化路径系数为 0.217，同样通过显著性检验，本研究的假设 H_4 成立。表明政府提供的技术支持，以及养殖户自身可以支持技术获得的基础条件可以显著促进其接受相关技术。

第五，养殖户特征的标准化路径系数为 0.207，也通过了显著性检验，本研究的假设 H_5 成立。说明小规模生猪养殖户的年龄、受教育程度会显著影响其对化学性风险防范新技术的使用态度。当然，相对于事件影响、绩效预期、努力预期和便利条件，养殖户的个体特征对其技术使用态度的影响最小。由于养殖户的年龄、受教育程度对其养殖经验有一定影响，该结果也说明，我国猪肉主产区的小规模生猪养殖户可能具有区域性群体特征，在一定程度掩盖了这些养殖户个体差异对化学性风险防范新技术使用态度的影响。

2. 测量模型的拟合结果分析

第一，通过对事件影响潜变量的分析发现，对生猪养殖户而言，自己主动采取化学性风险防范新技术与消费者认为其应该使用风险防范新技术，这两个可测变量的标准化路径系数分别为 0.917 和 0.909，影响程度和方向基本一致。

第二，通过对便利条件潜变量的分析发现，政府帮助养殖户使用新技术和养殖户本身有条件使用新技术的标准化路径系数分别为 0.879 和 0.635。表明对于小规模生猪养殖户而言，政府创造条件帮助其使用化学性风险防范新技术的作用更大。

第三，通过对绩效预期潜变量的分析发现，使用化学性风险防范新技术增加养殖户的生猪出栏量、降低料肉比的标准化路径系数分别为 0.916 和 0.887。因为生猪出栏量相较于料肉比更为直观，可直接为养殖户带来经济收益。

第四，通过对努力预期潜变量的分析发现，小规模养殖户对易于操

作、容易掌握的化学性风险防范新技术的标准化路径系数分别为 0.723 和
0.922。该结果表明，能够轻松掌握的风险防范技术更容易测量养殖户对使
用化学性风险防范新技术的努力预期。

第五，养殖户的年龄和受教育程度的标准化路径系数分别为 0.659 和
0.909。表明相较于年龄，小规模养殖户的受教育程度更可以表征其个人特
征，而且受教育程度越高，养殖户无疑会越理性地分析和使用相关新
技术。

3. 外生潜变量间的交互作用

外生潜变量间的交互作用估计结果如表 5 所示。绩效预期、努力预期、
事件影响和便利条件的相互影响均显著，其中绩效预期和事件影响间的相互
作用最为显著。而养殖户特征与事件影响、绩效预期、努力预期和便利条件
的交互作用不太显著，这可能是因为本研究仅考虑了养殖户特征中的年龄和
受教育程度因素，与事件影响、绩效预期、努力预期和便利条件之间的相关
性难以直接体现。但也不排除在猪肉安全事件冲击下，针对特定区域的小规
模生猪养殖户推广化学性风险防范新技术，可以在一定程度上忽略养殖户的
个体特征差异，将各个区域的小规模养殖户作为技术接受群体，有针对性地
推广相关技术。当然，本文 H_6 的假设总体上已经得到验证。

表 5 外生潜变量交互作用估计结果

路　　径		参数估计值	标准误差	临界比	P 值
便利条件	↔ 绩效预期	0.426	0.137	3.113	0.002
事件影响	↔ 绩效预期	0.711	0.211	3.365	***
便利条件	↔ 努力预期	0.194	0.096	2.016	0.044
事件影响	↔ 养殖户特征	−0.081	0.062	−1.304	0.192
绩效预期	↔ 养殖户特征	−0.022	0.041	−0.544	0.586
事件影响	↔ 便利条件	0.457	0.172	2.652	0.008
便利条件	↔ 养殖户特征	0.017	0.031	0.566	0.572
努力预期	↔ 养殖户特征	−0.045	0.036	−1.249	0.212
绩效预期	↔ 努力预期	0.336	0.128	2.631	0.009
事件影响	↔ 努力预期	0.613	0.192	3.189	0.001

注：***表示 P 值小于 0.001，拟合结果最为显著。

六 主要结论与政策启示

本文以小规模生猪养殖户的实地调研数据为样本，基于 UTAUT 模型，对影响其技术使用态度的主要因素进行了分析。主要结论如下所示。

第一，事件影响、绩效预期、努力预期、便利条件和养殖户特征均是影响小规模生猪养殖户技术使用态度的主要因素。其中，小规模养殖户在猪肉安全事件的冲击下，很可能接受并使用风险防范新技术，其后按影响大小分别为绩效预期、努力预期、便利条件和养殖户特征。

第二，小规模生猪养殖户自己主动使用化学性风险防范技术可以表征其受到的猪肉安全事件影响；使用风险防范技术将增加生猪出栏量可以代表养殖户对采用风险防范新技术的绩效预期；小规模生猪养殖户容易操作新技术可以表示其对采用新技术的努力预期；而政府支持小农户使用化学性风险防范新技术则可以表征其采用新技术的便利条件。

第三，虽然小规模养殖户的个体特征与事件影响、绩效预期、努力预期和便利条件之间的交互作用不显著，但也表明，在猪肉安全事件的冲击下，小规模生猪养殖户对化学性风险防范新技术的使用态度具有区域性群体特征，更便于有针对性地研究与推广特定区域的化学性风险防范新技术。

研究表明，在猪肉安全事件的冲击下，促进小规模生猪养殖户使用化学性风险防范新技术刻不容缓，同时，市场和政府共同参与、共同发挥作用也不容忽视。因此，可以考虑从构筑小规模的养殖户风险防范技术服务平台做起，利用广大小农户的聚集效应，凸显"长尾理论"的重要性。相关的政策启示包括以下几方面。

第一，从生产源头出发，在制定政策时考虑不同区域的小规模生猪养殖户，从区域群体角度进行分析，多角度推广风险防范新技术，保证猪肉安全。

第二，猪肉安全事件的冲击对小规模生猪养殖户的影响比较明显。应尽可能地利用多种渠道，对小农户进行教育培训，提高其对化学性风险防范新技术的认识，最大限度地促进其在猪肉安全事件发生后更加自觉地采用风险防范新技术。

第三，除了加大监管力度，政府部门还应关注对小规模生猪养殖户的支持与引导，可以考虑先在规模农户中推广风险防范新技术，从而带动小农户逐步采用。

第四，要推动广大小规模生猪养殖户采用化学性风险防范新技术，还应注重宣传相关技术，切实提高农户的收益和生产效率。针对不同区域小规模养殖户的特点，分类别、分步骤地推广，从源头保障食品安全。

参考文献

［1］吴林海：《中国食品安全研究报告 2013》，科学出版社，2013。

［2］刘敏：《生猪健康养殖中存在的问题及实施对策》，《中国畜禽种业》2013 年第 9 期，第 79～80 页。

［3］何加骏、李奇：《农业生态环境与食品安全》，《江苏农业科学》2007 年第 1 期，第 204～208 页。

［4］郗伟东、石玉月、田巍：《基于风险模式提取的农户生猪饲养规制研究》，《安徽农业科学》2009 年第 7 期，第 3244～3337 页。

［5］刘录民：《我国食品安全监管体系研究》，西北农林科技大学博士学位论文，2009。

［6］浦华、白裕兵：《养殖户违规用药行为影响因素研究》，《农业技术经济》2014 年第 3 期，第 40～48 页。

［7］王瑜：《养猪户的药物添加剂使用行为及其影响因素分析：基于江苏省 542 户农户的调查数据》，《农业技术经济》2009 年第 5 期，第 46～55 页。

［8］《中国统计年鉴》，中国统计出版社，2010～2014。

［9］苗珊珊、陆迁：《农户技术采用中的风险防范研究》，《农村经济》2002 年第 6 期，第 98～100 页。

［10］Stacey, K. F., Parsons, D. J., Christiansen, K. H., et al., "Assessing the Effect of Interventions on the Risk of Cattle and Sheep Carrying Eseheriehi Coli O157: H7 to the Abattoir Using a Stochastic Model," *Preventive Veterinary Medicine*, 2007, 79 (1): 32 – 45.

［11］Valerie, J. D., Joanne, R., Aamir, F., "Fuzzy Risk Assessment Tool for Microbial Hazards in Food Systems," *Fuzzy Set and Systems*, 2006, 157 (9): 1201 – 1210.

[12] Ortega, D. L., Wang, H. H., Olynk, N. J., et al., "Chinese Consumer's Demand for Food Safety Attributes: A Push for Government and Industrial Regualtions," *American Journal of Agricultural Economics*, 2012, 94 (2): 489 – 495.

[13] Ortega, D. L., Wang, H. H., Wu, L. P., et al., "Modeling Heterogeneity in Consumer Preferences for Select Food Safety Attributes in China," *Food Policy*, 2011, 36 (2): 318 – 324.

[14] 曾丽萍、孟志青：《供应链风险评估及决策模型》，《经济论坛》2007 年第 4 期，第 70 ~ 73 页。

[15] 梁海鹏、郭伟、马可：《供应链风险管理中的风险评价研究》，《生产力研究》2007 年第 9 期，第 132 ~ 133 页。

[16] Mendola, M., "Agricultural Technology Adoption and Poverty Reduction: A Propensity – score Matching Analysis for Rural Bangladesh," *Food Policy*, 2007 (32): 372 – 393.

[17] Subramanian, A., Qaim, M., "Village – wide Effects of Agricultural Biotechnology: The Case of Bt Cotton in India," *World Development*, 2009, 37 (1): 256 – 267.

[18] Olaizola, A. M., Chertouh, T., Manrique, E., "Adoption of a New Feeding Technology in Mediterranean Sheep Fanning Systems: Implications and Economic Evaluation," *Small Ruminant Research*, 2008 (79): 137 – 145.

[19] 王金霞、张丽娟：《保护性耕作技术对农业生产的影响：黄河流域的实证研究》，《管理评论》2010 年第 6 期，第 77 ~ 84 页。

[20] 韩洪云、杨增旭：《农户测土配方施肥技术采纳行为研究——基于山东省枣庄市薛城区农户调研数据》，《中国农业科学》2011 年第 23 期，第 4962 ~ 4970 页。

[21] 曹建民、胡瑞法、黄季焜：《技术推广与农民对新技术的修正采用：农民参与技术培训和采用新技术的意愿及其影响因素分析》，《中国软科学》2005 年第 6 期，第 60 ~ 66 页。

[22] 纪丕霞：《山东省农民科技需求与应用状况调查分析》，《青岛农业大学学报》（社会科学版）2011 年第 11 期，第 43 ~ 47 页。

[23] 王浩、刘芳：《农户对不同属性技术的需求及其影响因素分析——基于广东省油茶种植业的实证分析》，《中国农村观察》2012 年第 1 期，第 53 ~ 64 页。

[24] 张宁、刘春林、王全胜：《企业间应急协作：应对突发事件的机制研究》，《商业经济与管理》2009 年第 9 期，第 30 ~ 35 页。

[25] 侯东德、徐来：《加快建设我国农业自然灾害救助体系》，《光明日报》2010 年 5 月 31 日。

[26] 徐娟、章德宾、黄慧：《生鲜农产品供应链突发事件风险分析与应对策略研究》，《农村经济》2012 年第 5 期，第 113 ~ 116 页。

[27] Kitchen, N. R., Snyder, C. J., Franzen, D. W., et al., "Educational Needs of Precision Agriculture," *Precision Agriculture*, 2002, 3 (4): 341 – 351.

[28] 黄武：《论公益性农技推广的多种实现形式》，《农村经济》2008 年第 9 期，第 98 ~ 102 页。

[29] 李圣君、孔祥智：《农户技术需求优先序及有效供给主体研究》，《新疆农垦经济》2010 年第 5 期，第 11 ~ 16 页。

[30] 张永升、杨建肖、陶佩君：《农户对农业科技服务的需求意愿与供给评价实证研究》，《河北农业大学学报》（农林教育版）2011 年第 2 期，第 133 ~ 137 页。

[31] 王青、于冷、王英萍：《上海农业科技社会化服务需求调查分析》，《农业经济问题》2011 年第 1 期，第 67 ~ 72 页。

[32] 张舰、韩纪江：《有关农业新技术采用的理论及实证研究》，《中国农村经济》2002 年第 11 期，第 54 ~ 60 页。

[33] Wollni, M., Lee, D. R., Thies, J. E., "Conservation Agriculture, Organic Marketing, and Collective Action in the Honduran Hillsides," *Agricultural Economics*, 2010, 41 (3 – 4): 373 – 384.

[34] 孙国梁、赵邦宏、唐婷婷：《农民对农业科技服务的需求意愿及其影响因素分析》，《贵州农业科学》2010 年第 12 期，第 217 ~ 220 页。

[35] 吴娜琳、李小建、乔家君：《欠发达农区农户农业生产风险决策的行为分析——以金融危机影响下柘城县三樱椒种植户为例》，《河南社会科学》2012 年第 12 期，第 59 ~ 62 页。

[36] 赵旭强、穆月英、陈阜：《保护性耕作技术经济效益及其补贴政策的总体评价——来自山西省农户问卷调查的分析》，《经济问题》2012 年第 2 期，第 74 ~ 77 页。

[37] Venkatesh, V., Davis, F. D., "A Theoretical Extension of the Technology Acceptance Model: Four Longitudinal Field Studies," *Management Science*, 2000, 46 (2): 186 – 205.

[38] 江苏省统计局、国家统计局江苏调查总队：《江苏统计年鉴》，中国统计出版社，2013 ~ 2014。

[39] Hair, J. F., Anderson, R. E., Tatham, R. L., "Multivariate Data Analysis," *Englewood Cliffs*, N. J.: Prentice Hall, 1998.

基于贝叶斯网络的农业生产者农药施用
行为风险评估研究 *

王建华　刘　苗　葛佳烨 **

摘　要：为较好地反映农业生产者农药施用行为的风险因素，相对精准地预测农业生产者农药施用行为的概率，本文基于贝叶斯网络的相关理论，对农业生产者农药施用行为的风险因素进行识别，构建朴素贝叶斯网络模型，运用全国 986 个样本数据对模型进行训练和验证，计算出农业生产者农药施用行为的后验概率并评估施用行为的风险。结果表明，农业生产者的农药施用行为具有普遍性，农业生产者在农业生产经营类型、农业生产土地规模以及农产品用途等风险因素分别既定的情况下，不考虑施药间隔期的风险概率较大；农业生产者在农产品预售价、农药价格等风险因素分别既定的情况下，对农药残留的在意程度会出现波动，且农药价格是造成农业生产者农药残留意识淡薄风险的重要因素；另外，农产品预售价对农业生产者过量施用农药风险也有较大影响。因此，政府应强化对农产品安全的监督管理，积极预防农产品安全问题的出现；积极引导农业生产者合理施用农药，提高农业生产者合理施药的积极性；针对各地区的具体

* 2014 年度国家社科基金重大项目"食品安全风险社会共治研究"（编号：14ZDA0690）；江苏高校哲学社会科学优秀创新团队建设项目"中国食品安全风险防控研究"（编号：2013 - 011）；教育部人文社会科学研究规划基金项目"基于不同类型农户生产经营行为的农产品安全生产模式研究"（编号：13YJA630087）；江南大学自主科研计划重点项目"农村食品安全体系建设研究"（编号：JUSRP1504XNC）。

** 王建华（1979 ~ ），男，河南汝南人，博士，江南大学商学院副教授、硕士生导师，研究方向为食品安全管理与农业经济；刘苗（1992 ~ ），女，内蒙古赤峰人，江南大学商学院硕士研究生，主要研究方向为食品安全管理与农业经济；葛佳烨（1993 ~ ），女，江苏南通人，江南大学商学院硕士研究生，主要研究方向为食品安全管理与农业经济。

情况开展有效的相关培训，有效防范农药施用行为风险，提高农产品的安全质量。

关键词： 农药施用　风险评估　贝叶斯网络

一　问题提出

农业生产过程中的农药施用对预防农作物病虫害、提高粮食产量有着极为重要的作用[1]，对缓解世界范围内人口的迅速增长所带来的粮食需求压力也具有深远的意义，但接触化学农药或食用带有农药残留的农产品会给人体健康带来巨大威胁[2]。引发农产品安全风险的最直接原因之一，是农业生产者不当的农药施用行为[3]，尤其对于以农业为主要产业的发展中国家来说，对农药施用行为进行风险评估及相关风险认知显得更为迫切[4]。在中国，由于农业生产者对农药施用缺乏正确认知，使用方法与剂量不当，高毒、劣质农药滥用现象严重，多地农业生产者施用多灭灵（甲胺磷）、克百威（呋喃丹）等剧毒药剂，给农村地区的生态环境、农作物质量与食品安全造成严重的负面影响[5]。Elaine 等在评估中国棉农对抗虫棉的施药行为时发现，由于农业生产者缺少相关的知识培训，尽管其了解自己种的棉花品种为抗虫型，但为了避免产量损失，其过量施用农药的风险仍处于较高水平[6]。马玉婷等认为农业生产者的知识能力和心理认知水平、外部环境和经济条件水平是造成其过量施用农药、施用高毒农药等风险行为的重要因素[7]。Catherine 等认为农药施用的不当行为不仅会给农业生产者自身造成伤害，还会因为农药残留对消费者造成威胁。通过加强对施药者的相关培训可有效降低农业生产者过量施药、施用高毒农药的风险[8]。

在诸多研究农业生产者施药行为风险的模型中，贝叶斯网络是一种可视化的概率知识表达与推理模型，且处理不确定性问题的能力较强，能在更直观地表示网络节点各变量之间因果关系的同时，还能利用有限、不完整、不确定的信息进行学习和推理[9]。贝叶斯网络可以保留发生概率较小的影响因素，对农业生产者施药行为的风险因素的分析更敏感，能更合理地对不确定性因素进行处理，得出可靠性更高的评估结果。因此，本文结合已有研究结果和全国 986 个样本数据，采用分类方法探究农业生产者的主要特征因素对其农药施用行为的影响，并利用贝叶斯网络分类器评估农业生产者的施药行为风险，为引导农业生产者规范合理地施用农药，以及有针对性地开展农产品安全监督管理提供理论支撑和经验借鉴。

二 相关文献梳理及综述

（一）造成农药施用行为风险的农业生产者个体特征因素

农业生产者的个人特征决定了其会根据自身对化学农药的认知以及自身行为习惯做出是否施用农药、施用何种农药的决策，是农业生产者施药风险行为评估的重要内部因素[10]。Ntow 等对加纳地区的 137 位农业生产者进行了访谈，对其农药施用行为进行了实地调查，发现 45 岁以下的农民比 45 岁及以上的农民更容易造成在单位面积内过量施用农药的风险[11]。Khan 等在巴基斯坦棉花种植地区随机抽取了 318 个农业生产者用于研究农业生产者施药行为的风险成因，发现受过良好教育的农业生产者过量施用农药的风险要远低于受教育程度较低的农业生产者[4]。童霞等基于江苏省三个不同地区的 237 户分散农业生产者的调研数据，分析了分散农业生产者农药施用行为的主要特征，发现农业生产者的受教育程度是造成其农药施用行为风险的显著影响因素[12]。王建华等利用实地调研数据，采用 PSM 方法对 7 种农药施用技术进行评估，结果表明这 7 种不同的农药施用技术对减少农药过量施用风险均具有正面影响[13]。蔡书凯等基于粮食主产区 354 个农业生产者的调查数据，发现农药施用强度的主要风险因素包括农业生产者中的户主年龄、受教育程度以及农业生产者的家庭经营特征等[14]。Morris 等发现女性农业生产者由于受教育程度较低和施药经验较少，过量施药的风险比男性农业生产者要高[15]。Cheryl 等对加纳农业生产者在玉米种植过程中的农药施用行为与种植者性别的关系进行研究后发现，户主的性别是评估农药施用风险状况的重要因素[16]。未婚农业生产者对施药的认知仅限于父辈和自己的经验，而已婚农业生产者的施药行为可能受到更大范围家庭成员的影响[17]，因此本文假设农业生产者的婚姻状况是影响其施药行为风险的因素之一。另外，农业生产者进城务工已成趋势，其打工经历也是一种经验的积累，可能会对其施药行为产生积极影响，农药施用风险可能会有所降低[11]。

（二）造成农药施用行为风险的农业生产者生产特征因素

从农业生产的基本特征来看，农产品价格、土地规模和农产品的主要用途等是影响农业生产者施药行为风险的关键因素。侯建昀等运用环渤海湾与黄土高原两大苹果优势产区 635 个样本农业生产者的面板数据对农业生产者的农药施用行为进行风险评估，认为利用价格杠杆，运用税收、补贴等方式可以影响农产品价格及农药价格，从而影响农业生产者不合理选择农药类型和用量的风险[18]。王常伟等利用江苏省蔬菜种植户的调查数据，建立 Damage－abatement 生产函数及计量模型对农药施用风险进行评估，指出农药对蔬菜潜在的价格变动是造成农业生产者过量施用农药风险的主要因素[19]。农业生产者的农业生产经营分为农业生产专营和农业生产兼营，黄祖辉等利用中国 5 个省的农业生产者数据分析了农业生产者的家庭劳动供给情况，研究发现，2004～2008 年，只从事农业生产的农业生产者家庭约占 18%；既从事农业生产又从事本村非农业生产的农业生产者比例从 25% 下降到 16%；而既从事农业生产又外出打工的农业生产者家庭比例从 30% 上升到 37%[20]。农业生产专营户可能对农药施用有更丰富的经验，而农业生产兼营户由于具有其他生产经验，对购买和使用农药可能具有更广泛的知识获取来源[11]，因此农业生产者生产经营类型的差异可能对农药施用风险有一定的影响，是农业生产者施药行为风险的主要衡量指标之一。孔祥智等研究认为，农业生产者的家庭收入是其农药施用行为风险的重要评估因素，因农业生产者家庭种植规模缩小而造成农药施用不良行为的风险概率较小[21]。农业生产者生产的农产品主要有自用和市场贸易两种用途，董帮应基于规模经营视角分析农业生产者的经营主体时发现，在市场经济条件下，由于受收入最大化的目标支配，农业生产者会自觉地将其生产的农产品进行社会化配置，针对不同用途的农产品，其农药施用行为会有所差异，用于市场贸易的农产品的农药施用风险可能会高于自用农产品的施药风险[22]。因此，农产品用途是评估农业生产者施药行为风险的因素之一。

（三）农业生产者农药施用的风险行为

Polidoro 等采用访谈方法评估哥斯达黎加各地区香蕉种植的农药施用风险时发现，超过 60% 的调查参与者使用过或正在使用化学农药[23]。张夕林等明确提出，农药施用间隔期越短，大米中的农药残留量超标的风险越大[24]。Isin 等在土耳其部分地区评估果农对农药的认知对其施药行为风险的影响时发现，被调查果农对农药残留仍然缺乏正确认知，这种认知缺失是引起农药施用量远远超出推荐用量风险的直接原因[25]。目前关于农业生产者农药施用风险行为的研究主要集中在农业生产者在农业生产中是否施用化学农药、农业生产者对农药安全间隔期的认知、农业生产者对农药残留的认知以及农业生产者在实际农业生产中是否过量使用农药等方面。

根据已有研究，造成农业生产者农药施用行为风险的因素主要有农业生产者的个体特征因素和农业生产者的农业生产特征因素。农业生产者的个体特征因素包括农业生产者的年龄、婚姻状况、受教育程度和打工经历，农业生产者的农业生产特征因素包括农产品价格和农药价格、农业生产经营类型、农业生产土地规模、农业生产收入比例和农产品的主要用途。

国内外学者围绕农业生产者施用农药的行为风险进行了大量研究，但现有研究仍存在一些不足：①已有研究考虑的风险因素不够全面，仅对农业生产者的个体因素或农业生产因素进行考虑；②对农药施用的风险评估仅涉及农药自身或农药器械的危害性，较少从农业生产者的角度评估其施药行为风险；③研究数据的代表性不强，大多数研究为某一地区的个案研究，较难反映农业生产者施药风险的普遍状况。因此，本文选取河南、山东、江苏、浙江、黑龙江 5 个典型农业生产省份的 100 个行政村共 986 个农业生产者的样本调查数据，结合已有研究筛选出农业生产者农药施用行为的风险因素，并构建贝叶斯网络模型，对农业生产者的施药风险进行评估。

三　方法选择及模型构建

（一）方法选择

贝叶斯方法把有向无环图与概率理论有机结合，既能够以更加直观的图形作为其表示形式，也具有概率理论基础，将统计数据以条件概率的形式融入模型，克服了语义网络理论基础弱以及神经网络等方法不直观的缺点。贝叶斯网络能够将知识表示与知识推理相结合，将先验知识与样本信息相结合，对不确定性数据的处理较为理想。当模型中的条件或行为发生变化时，贝叶斯网络模型不需要像其他模型那样重新修正，它可以根据变化自行修正[10]。在农业生产者农药施用行为风险评估研究中，总是存在一些不可避免的不确定性因素，如陈述性偏好（SP）数据中的意向与样本结果不一致，数据失真、数据缺失等，贝叶斯模型处理这些情况较之其他研究模型具有较大优势。

贝叶斯法则主要描述了农业生产者农药施用行为风险评估的先验概率、条件独立概率和后验概率之间的关系。农业生产者农药施用行为的贝叶斯风险评估公式如式（1）所示：

$$P(A \mid B) = P(A) \times P(B \mid A) / P(B) \tag{1}$$

在农业生产者施药行为风险评估中，式（1）中的 B 表示未分类的农业生产者施药行为样本数据，A 表示农业生产者施药行为可能的类别。$P(B \mid A)$ 是未分类农业生产者施药行为样本数据 B 的似然函数。简言之，贝叶斯公式通过计算农业生产者施药行为未知分类数据的条件概率分布，以实现对农业生产者农药施用行为风险评估数据的贝叶斯统计推断。

贝叶斯网络分类是贝叶斯法则的拓展，是一种概率专家系统，是利用已分类完成的风险评估数据集进行训练，从而优化分类器自身，再利用优化的分类器对未分类的农业生产者施药行为数据进行分类验证，计算出数据所属各类型的概率，其中概率最大的类型即为数据所属类型。贝叶斯网络分类可充分利用变量之间的条件独立信息提高分析问题的效率[8]。贝叶斯分类器是较为复杂的概率分类器，其训练需要大量数据，且泛化能力差、参数运算复杂程度高，而朴素贝叶斯分类方法是基于贝叶斯规则的一种简化方法，具有简单、高效、泛化能力良好的特点，因此本文选择朴素贝叶斯分类器对农业生产者农药施用行为的风险进行分析。

（二）模型构建

根据农业生产者农药施用行为的风险因素和对农业生产者农药施用风

险行为的识别，令 A 表示农业生产者农药施用的风险行为，B 表示农业生产者农药施用行为的风险因素，则农业生产者农药施用行为风险评估的朴素贝叶斯公式为：

$$P(A_j \mid B_i) = P(A_j) \times P(B_i \mid A_j) / P(B_i) \quad (i = 1, 2, \cdots, 10; j = 1, 2, 3, 4) \quad (2)$$

其中，P（A）是先验概率；P（$B \mid A$）是条件独立概率；P（$A \mid B$）是后验概率。具体来说，农业生产者在农业生产过程中是否施用农药的风险评估因素为：

$$P(A_1 \mid B_i) = P(A_1) \times P(B_i \mid A_1) / P(B_i) \quad (i = 1, 2, \cdots, 10) \quad (3)$$

农业生产者在农业生产过程中是否考虑施用农药的风险评估因素为：

$$P(A_2 \mid B_i) = P(A_2) \times P(B_i \mid A_2) / P(B_i) \quad (i = 1, 2, \cdots, 10) \quad (4)$$

农业生产者在农业生产过程中是否在意农产品农药残留的风险评估因素为：

$$P(A_3 \mid B_i) = P(A_3) \times P(B_i \mid A_3) / P(B_i) \quad (i = 1, 2, \cdots, 10) \quad (5)$$

农业生产者在农业生产过程中是否会过量使用农药的风险评估因素为：

$$P(A_4 \mid B_i) = P(A_4) \times P(B_i \mid A_4) / P(B_i) \quad (i = 1, 2, \cdots, 10) \quad (6)$$

四 数据来源及特征分析

围绕农业生产者农药施用风险行为以及农业生产者农药施用行为的风险因素，选取 2013 年的 986 组调研数据进行实证分析。该调研采用分区域与分类别相结合、分层设计与随机抽样相结合的方法，对河南、山东、江苏、浙江、黑龙江 5 个典型农业生产省份的 100 个行政村共 986 个农业生产者进行了调查。

综合已有研究成果，筛选出农业生产者的年龄、婚姻状况、受教育程度、打工经历、农产品预售价、农业生产经营类型、农业生产土地规模、农业生产收入占总收入的比例、农产品主要用途和农药价格 10 个因素，对农业生产者农药施用的风险行为从是否施用农药、是否考虑农药安全间隔期、对农产品农药残留的态度如何以及是否会过量使用农药 4 个方面进行度量（见表 1）。

表 1　农业生产者农药施用行为风险因素及风险行为的评估参数

变量类别	变量编号	变　　量	评估参数	频数	频率（%）*
风险因素	B_1	年龄	<18 岁	9	0.91
			18 ~ 25 岁	75	7.61
			26 ~ 45 岁	351	35.60
			46 ~ 60 岁	410	41.58
			>60 岁	141	14.30
	B_2	婚姻状况	未婚	55	5.58
			已婚	931	94.42
	B_3	受教育程度	小学及以下	295	29.92
			初中	483	48.99
			高中	153	15.52
			大专	26	2.64
			本科及以上	29	2.93
	B_4	打工经历	打工	689	69.88
			没有打工	297	30.12
	B_5	农产品预售价	在上涨	347	35.19
			在下跌	167	16.94
			来回涨跌	340	34.48
			基本没变	132	13.39
	B_6	农业生产经营类型	纯农业生产者	489	49.59
			农业兼营户	497	50.41
	B_7	农业生产土地规模	<2 亩	201	20.39
			2 ~ 3 亩（含 3 亩）	252	25.56
			3 ~ 6 亩（含 6 亩）	287	29.11
			>6 亩	246	24.94
	B_8	农业生产收入占总收入的比例	<20%	371	37.64
			21% ~ 30%	171	17.34
			31% ~ 40%	107	10.85
			41% ~ 50%	95	9.63
			51% ~ 60%	73	7.40
			>60%	169	17.14

续表

变量类别	变量编号	变 量	评估参数	频数	频率（%）
风险因素	B_9	农产品的主要用途	满足家庭需要	291	29.52
			进入市场	129	13.08
			两者皆有	566	57.40
	B_{10}	农药价格	非常低	44	4.46
			偏低	69	7.00
			适中	637	64.60
			偏高	201	20.39
			非常高	35	3.55
风险行为	A_1	是否施用农药	是	937	95.03
			否	49	4.97
	A_2	是否考虑农药安全间隔期	完全不考虑	56	6
			很少考虑	110	11
			偶尔考虑	195	20
			经常考虑	385	39
			总是会考虑	240	24
	A_3	对农产品农药残留的态度	完全不在意	22	2
			很少在意	155	16
			偶尔在意	283	29
			经常在意	442	45
			总是会在意	84	8
	A_4	是否会过量使用农药	完全不会	89	9
			通常不会	299	30
			偶尔会	367	37
			通常会	206	21
			一定会	25	3

注：＊因不能整除，对部分百分比做平滑处理，以使加总为 100%，本文其他部分百分比同此处理。

结合农业生产者农药施用行为的风险因素和农业生产者农药施用风险行为，建立朴素贝叶斯网络模型（见图 1）。

将调研数据用于对朴素贝叶斯分类器的训练和验证，并根据模型对农业生产者的农药施用行为进行风险评估。

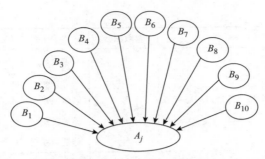

图 1　农业生产者农药施用行为风险因素的朴素贝叶斯网络模型

五　实证结果分析

为了检验该朴素贝叶斯模型的可靠性，把 986 个样本数据分为训练组和验证组。为了使训练后的模型更为可靠，随机抽取其中的 850 组数据作为训练组数据，用来训练该模型并计算先验概率和条件独立概率，剩余 136 组数据用于验证模型是否可靠，最后利用该模型计算所有后验概率并选取其中的最大值作为最终输出值。对于缺失数据，本文采用单元格均值插补法和热卡插补法进行预处理。

应用 Matlab 软件进行建模，得出先验概率（见表 2），以及条件概率（见表 3）。

计算农业生产者农药施用风险行为的先验概率。农业生产者农药施用风险行为包括农业生产者是否施用农药、是否考虑农药安全间隔期、对农

表 2　农业生产者农药施用风险行为的先验概率

变量编号	变量	参数编号	评估参数	概率
A_1	是否施用农药	A_{11}	是	0.9434
		A_{12}	否	0.0566
A_2	是否考虑农药安全间隔期	A_{21}	完全不考虑	0.0627
		A_{22}	很少考虑	0.1241
		A_{23}	偶尔考虑	0.2009
		A_{24}	经常考虑	0.3747
		A_{25}	总是会考虑	0.2376

续表

变量编号	变　量	参数编号	评估参数	概　率
A_3	对农产品农药残留的态度	A_{31}	完全不在意	0.0247
		A_{32}	很少在意	0.1649
		A_{33}	偶尔在意	0.2945
		A_{34}	经常在意	0.4264
		A_{35}	总是会在意	0.0895
A_4	是否会过量使用农药	A_{41}	完全不会	0.0802
		A_{42}	通常不会	0.2936
		A_{43}	偶尔会	0.3656
		A_{44}	通常会	0.2335
		A_{45}	一定会	0.0271

表 3　农业生产者在是否施药条件下风险因素的条件概率

变量编号	变　量	参数编号	评估参数	$P(B_i \mid A_{11})$	$P(B_i \mid A_{12})$
B_1	年龄	B_{11}	<18 岁	0.0088	0.0209
		B_{12}	18～25 岁	0.0838	0.1458
		B_{13}	26～45 岁	0.3812	0.3333
		B_{14}	46～60 岁	0.3912	0.3333
		B_{15}	>60 岁	0.1350	0.1667
B_2	婚姻状况	B_{21}	未婚	0.0625	0.1042
		B_{22}	已婚	0.9375	0.8958
B_3	受教育程度	B_{31}	小学及以下	0.2913	0.2292
		B_{32}	初中	0.4913	0.5208
		B_{33}	高中	0.1550	0.1667
		B_{34}	大专	0.0274	0.0625
		B_{35}	本科及以上	0.0350	0.0208
B_4	打工经历	B_{41}	打工	0.3100	0.4167
		B_{42}	没有打工	0.6900	0.5833
B_5	农产品预售价	B_{51}	在上涨	0.3375	0.2708
		B_{52}	在下跌	0.1425	0.3958
		B_{53}	来回涨跌	0.3713	0.2500
		B_{54}	基本没变	0.1487	0.0834

续表

变量编号	变 量	参数编号	评估参数	$P(B_i\mid A_{11})$	$P(B_i\mid A_{12})$
B_6	农业生产经营类型	B_{61}	纯农业生产者	0.4912	0.5000
		B_{62}	农业兼营户	0.5088	0.5000
B_7	农业生产土地规模	B_{71}	<2 亩	0.1913	0.1875
		B_{72}	2~3 亩（含 3 亩）	0.2750	0.2708
		B_{73}	3~6 亩（含 6 亩）	0.2637	0.2292
		B_{74}	>6 亩	0.2700	0.3125
B_8	农业生产收入占总收入的比例	B_{81}	<20%	0.3538	0.3125
		B_{82}	21%~30%	0.1775	0.1458
		B_{83}	31%~40%	0.0950	0.1875
		B_{84}	41%~50%	0.0938	0.1875
		B_{85}	51%~60%	0.0749	0.0833
		B_{86}	>60%	0.2050	0.0834
B_9	农产品的主要用途	B_{91}	满足家庭需要	0.2662	0.4167
		B_{92}	进入市场	0.1551	0.2500
		B_{93}	两者皆有	0.5787	0.3333
B_{10}	农药价格	B_{101}	非常低	0.0512	0.1458
		B_{102}	偏低	0.0688	0.1667
		B_{103}	适中	0.6775	0.5833
		B_{104}	偏高	0.1775	0.0625
		B_{105}	非常高	0.0250	0.0417

产品农药残留的态度如何以及是否会过量使用农药。所有农业生产者施药风险行为下的选项均作为评估参数，用于计算该选项所代表的事件发生的可能概率。

计算农业生产者农药施用行为风险的条件概率（见表3至表6）。条件概率表示，在农业生产者施药风险行为各评估参数所代表的事件发生的条件下，农业生产者农药施用行为风险因素的各评估参数所代表的事件发生的概率，即风险行为发生条件下风险因素各项特征的概率分布情况。具体来说，即分别计算在农业生产者施用与不施用农药的条件下，农业生产者农药施用行为的风险因素的概率分布（见表3）；在农业生产者考虑与不考虑农药安全间隔期的条件下，农业生产者农药施用行为的风险因素的概率分布（见表

4）；在农业生产者对农产品农药残留持不同态度的情况下，农业生产者农药施用行为的风险因素的概率分布（见表 5）；在农业生产者过量与不过量使用农药的条件下，农业生产者农药施用行为的风险因素的概率分布（见表 6）。利用朴素贝叶斯公式求出农业生产者农药施用行为风险的后验概率。

表 4　农业生产者在是否考虑施药安全间隔期条件下风险因素的条件概率

变量编号	变 量	参数编号	评估参数	$P(B_i|A_{21})$	$P(B_i|A_{22})$	$P(B_i|A_{23})$	$P(B_i|A_{24})$	$P(B_i|A_{25})$
B_1	年龄	B_{11}	<18 岁	0.0565	0.0095	0.0059	0.0031	0.0100
		B_{12}	18～25 岁	0.1698	0.1048	0.1176	0.0757	0.0497
		B_{13}	26～45 岁	0.3208	0.4762	0.3765	0.3565	0.3781
		B_{14}	46～60 岁	0.3774	0.2857	0.3882	0.4101	0.4080
		B_{15}	>60 岁	0.0755	0.1238	0.1118	0.1546	0.1542
B_2	婚姻状况	B_{21}	未婚	0.1887	0.0857	0.0647	0.0536	0.0398
		B_{22}	已婚	0.8113	0.9143	0.9353	0.9464	0.9602
B_3	受教育程度	B_{31}	小学及以下	0.2453	0.2857	0.2706	0.3312	0.2438
		B_{32}	初中	0.5472	0.4857	0.4824	0.4637	0.5373
		B_{33}	高中	0.0943	0.1429	0.1529	0.1451	0.1990
		B_{34}	大专	0.0189	0.0095	0.0471	0.0379	0.0149
		B_{35}	本科及以上	0.0943	0.0762	0.0470	0.0221	0.0050
B_4	打工经历	B_{41}	打工	0.4528	0.3143	0.2941	0.3470	0.2488
		B_{42}	没有打工	0.5472	0.6857	0.7059	0.6530	0.7512
B_5	农产品预售价	B_{51}	在上涨	0.0943	0.1810	0.2765	0.3407	0.5174
		B_{52}	在下跌	0.2642	0.2762	0.2118	0.1356	0.0896
		B_{53}	来回涨跌	0.5472	0.3714	0.3706	0.3754	0.2935
		B_{54}	基本没变	0.0943	0.1714	0.1411	0.1483	0.0995
B_6	农业生产经营类型	B_{61}	纯农业生产者	0.4906	0.6190	0.4647	0.4259	0.5473
		B_{62}	农业兼营户	0.5094	0.3810	0.5353	0.5741	0.4527
B_7	农业生产土地规模	B_{71}	<2 亩	0.2075	0.1619	0.2059	0.2114	0.1592
		B_{72}	2～3 亩（含3 亩）	0.4906	0.2286	0.2882	0.3123	0.1741
		B_{73}	3～6 亩（含6 亩）	0.1509	0.2381	0.2235	0.2650	0.3284
		B_{74}	>6 亩	0.1510	0.3714	0.2824	0.2113	0.3383

续表

变量编号	变量	参数编号	评估参数	$P(B_i\|A_{21})$	$P(B_i\|A_{22})$	$P(B_i\|A_{23})$	$P(B_i\|A_{24})$	$P(B_i\|A_{25})$
B_8	农业生产收入占总收入的比例	B_{81}	<20%	0.1887	0.3238	0.4118	0.3849	0.3085
		B_{82}	21%~30%	0.0755	0.1333	0.2235	0.1956	0.1493
		B_{83}	31%~40%	0.0566	0.1143	0.1000	0.1041	0.0995
		B_{84}	41%~50%	0.1887	0.0762	0.0588	0.1199	0.0896
		B_{85}	51%~60%	0.2075	0.0667	0.0530	0.0567	0.0894
		B_{86}	>60%	0.2830	0.2857	0.1529	0.1388	0.2637
B_9	农产品的主要用途	B_{91}	满足家庭需要	0.1321	0.2857	0.3118	0.3060	0.2289
		B_{92}	进入市场	0.5283	0.2762	0.1882	0.0946	0.0746
		B_{93}	两者皆有	0.3396	0.4381	0.5000	0.5994	0.6965
B_{10}	农药价格	B_{101}	非常低	0.1131	0.1524	0.0412	0.0410	0.0199
		B_{102}	偏低	0.2642	0.0571	0.0824	0.0599	0.0498
		B_{103}	适中	0.4906	0.6190	0.7059	0.6530	0.7562
		B_{104}	偏高	0.1321	0.1429	0.1529	0.2177	0.1393
		B_{105}	非常高	0.0000	0.0286	0.0176	0.0284	0.0348

表5 农业生产者在对农药残留持不同态度的条件下风险因素的条件概率

变量编号	变量	参数编号	评估参数	$P(B_i\|A_{31})$	$P(B_i\|A_{32})$	$P(B_i\|A_{33})$	$P(B_i\|A_{34})$	$P(B_i\|A_{35})$
B_1	年龄	B_{11}	<18 岁	0	0.0215	0.0080	0.0055	0.0132
		B_{12}	18~25 岁	0.0952	0.0714	0.1000	0.0829	0.0921
		B_{13}	26~45 岁	0.3333	0.3429	0.4480	0.3536	0.3421
		B_{14}	46~60 岁	0.3810	0.3571	0.3480	0.4309	0.3684
		B_{15}	>60 岁	0.1905	0.2071	0.0960	0.1271	0.1842
B_2	婚姻状况	B_{21}	未婚	0.0952	0.0714	0.0640	0.0663	0.0526
		B_{22}	已婚	0.9048	0.9286	0.9360	0.9337	0.9474
B_3	受教育程度	B_{31}	小学及以下	0.3810	0.4429	0.2680	0.2652	0.1579
		B_{32}	初中	0.4286	0.4214	0.5080	0.5166	0.4737
		B_{33}	高中	0.0476	0.1000	0.1440	0.1575	0.3158
		B_{34}	大专	0.0952	0.0071	0.0400	0.0304	0.0131
		B_{35}	本科及以上	0.0476	0.0286	0.0400	0.0303	0.0395

变量编号	变量	参数编号	评估参数	$P(B_i|A_{31})$	$P(B_i|A_{32})$	$P(B_i|A_{33})$	$P(B_i|A_{34})$	$P(B_i|A_{35})$
B_4	打工经历	B_{41}	打工	0.5714	0.3429	0.3320	0.3039	0.2105
		B_{42}	没有打工	0.4286	0.6571	0.6680	0.6961	0.7895
B_5	农产品预售价	B_{51}	在上涨	0.1428	0.1357	0.2800	0.4309	0.4737
		B_{52}	在下跌	0.3810	0.2786	0.1400	0.1492	0.1052
		B_{53}	来回涨跌	0.2857	0.4571	0.4600	0.2873	0.2632
		B_{54}	基本没变	0.1905	0.1286	0.1200	0.1326	0.1579
B_6	农业生产经营类型	B_{61}	纯农业生产者	0.4762	0.5000	0.4600	0.4751	0.6711
		B_{62}	农业兼营户	0.5238	0.5000	0.5400	0.5249	0.3289
B_7	农业生产土地规模	B_{71}	<2 亩	0.1429	0.1500	0.1760	0.1961	0.3026
		B_{72}	2~3 亩（含3 亩）	0.3333	0.3643	0.2960	0.2238	0.2763
		B_{73}	3~6 亩（含6 亩）	0.3333	0.1786	0.2560	0.3011	0.2237
		B_{74}	>6 亩	0.1905	0.3071	0.2720	0.2790	0.1974
B_8	农业生产收入占总收入的比例	B_{81}	<20%	0.3333	0.2643	0.3120	0.3867	0.4738
		B_{82}	21%~30%	0.2381	0.0929	0.2040	0.1878	0.1579
		B_{83}	31%~40%	0.0476	0.1000	0.1600	0.0746	0.0526
		B_{84}	41%~50%	0.1429	0.1071	0.1400	0.0691	0.0789
		B_{85}	51%~60%	0.0952	0.1214	0.0640	0.0691	0.0526
		B_{86}	>60%	0.1429	0.3143	0.1200	0.2127	0.1842
B_9	农产品的主要用途	B_{91}	满足家庭需要	0.1905	0.2786	0.2600	0.2514	0.4605
		B_{92}	进入市场	0.2857	0.3000	0.1400	0.0829	0.1184
		B_{93}	两者皆有	0.5238	0.4214	0.6000	0.6657	0.4211
B_{10}	农药价格	B_{101}	非常低	0.0952	0.1214	0.0480	0.0249	0.0263
		B_{102}	偏低	0.3333	0.1000	0.0840	0.0525	0.0263
		B_{103}	适中	0.4287	0.6501	0.7120	0.6822	0.6843
		B_{104}	偏高	0.0952	0.1071	0.1560	0.2017	0.2105
		B_{105}	非常高	0.0476	0.0214	0	0.0387	0.0526

表 6　农业生产者在是否过量施用农药条件下风险因素的条件概率

变量编号	变量	参数编号	评估参数	$P(B_i|A_{41})$	$P(B_i|A_{42})$	$P(B_i|A_{43})$	$P(B_i|A_{44})$	$P(B_i|A_{45})$
B_1	年龄	B_{11}	<18 岁	0.0147	0.0161	0.0096	0	0
		B_{12}	18~25 岁	0.1029	0.0643	0.1000	0.1010	0
		B_{13}	26~45 岁	0.2647	0.3534	0.3452	0.4950	0.4348
		B_{14}	46~60 岁	0.4559	0.4056	0.3871	0.3232	0.5652
		B_{15}	>60 岁	0.1618	0.1606	0.1581	0.0808	0
B_2	婚姻状况	B_{21}	未婚	0.0588	0.0562	0.0742	0.0606	0
		B_{22}	已婚	0.9412	0.9438	0.9258	0.9394	1.0000
B_3	受教育程度	B_{31}	小学及以下	0.2353	0.2851	0.2935	0.2980	0.3043
		B_{32}	初中	0.4706	0.5101	0.4613	0.5354	0.4348
		B_{33}	高中	0.2059	0.1566	0.1774	0.0960	0.2174
		B_{34}	大专	0.0588	0.0161	0.0226	0.0455	0.0435
		B_{35}	本科及以上	0.0294	0.0321	0.0452	0.0251	0.0435
B_4	打工经历	B_{41}	打工	0.2206	0.2771	0.3484	0.3131	0.4348
		B_{42}	没有打工	0.7794	0.7229	0.6516	0.6869	0.5652
B_5	农产品预售价	B_{51}	在上涨	0.3529	0.4498	0.3258	0.2222	0.2174
		B_{52}	在下跌	0.0294	0.1647	0.1581	0.1869	0.1739
		B_{53}	来回涨跌	0.3971	0.2610	0.3742	0.4899	0.4783
		B_{54}	基本没变	0.1608	0.1245	0.1419	0.1010	0.1304
B_6	农业生产经营类型	B_{61}	纯农业生产者	0.3971	0.4779	0.4677	0.5505	0.4348
		B_{62}	农业兼营户	0.6029	0.5221	0.5323	0.4495	0.5652
B_7	农业生产土地规模	B_{71}	<2 亩	0.2794	0.1807	0.2064	0.1464	0.2174
		B_{72}	2~3 亩（含 3 亩）	0.2206	0.2450	0.3000	0.2980	0.2174
		B_{73}	3~6 亩（含 6 亩）	0.2500	0.3012	0.2613	0.2172	0.2609
		B_{74}	>6 亩	0.2500	0.2731	0.2323	0.3384	0.3043
B_8	农业生产收入占总收入的比例	B_{81}	<20%	0.4560	0.3574	0.3807	0.2727	0.2609
		B_{82}	21%~30%	0.0882	0.1928	0.1645	0.1768	0.3913
		B_{83}	31%~40%	0.0441	0.1044	0.1129	0.1010	0.0435
		B_{84}	41%~50%	0.0882	0.0442	0.0903	0.1869	0.0870
		B_{85}	51%~60%	0.0588	0.0602	0.0871	0.0858	0.0434
		B_{86}	>60%	0.2647	0.2410	0.1645	0.1768	0.1739

续表

变量编号	变 量	参数编号	评估参数	$P(B_i|A_{41})$	$P(B_i|A_{42})$	$P(B_i|A_{43})$	$P(B_i|A_{44})$	$P(B_i|A_{45})$
B_9	农产品的主要用途	B_{91}	满足家庭需要	0.3529	0.2691	0.2742	0.2475	0.3478
		B_{92}	进入市场	0.0441	0.1285	0.1452	0.1970	0.1304
		B_{93}	两者皆有	0.6030	0.6024	0.5806	0.5505	0.5128
B_{10}	农药价格	B_{101}	非常低	0.0882	0.0602	0.0387	0.0455	0
		B_{102}	偏低	0.0294	0.0522	0.1032	0.0758	0.0434
		B_{103}	适中	0.5736	0.7109	0.6677	0.6818	0.6522
		B_{104}	偏高	0.2647	0.1486	0.1581	0.1768	0.2609
		B_{105}	非常高	0.0441	0.0281	0.0226	0.0201	0.0435

表 3 表示农业生产者在是否施用农药的条件下，其农药施用行为风险因素的概率分布。农业生产者有施用农药（A_{11}）和不施用农药（A_{12}）两种行为表现。数据显示，施用农药概率较大的多为 26 ~ 60 岁的农业生产者、已婚农业生产者以及没有打工经历的农业生产者，而农业生产者的生产特征因素在该条件下对其施药风险的影响并不十分明显。

表 4 表示农业生产者在是否考虑施药安全间隔期的条件下，其农药施用行为风险因素的概率分布。农业生产者对施药安全间隔期有 5 种行为表现，即完全不考虑（A_{21}）、很少考虑（A_{22}）、偶尔考虑（A_{23}）、经常考虑（A_{24}）和一定会考虑（A_{25}）。数据显示，考虑施药安全间隔期概率较高的农业生产者多为中青年农业生产者和已婚农业生产者。在农业生产者考虑施药安全间隔期概率高的条件下，农产品预售价的特征为上涨。在农业生产者考虑施药安全间隔期概率较低的条件下，农产品的主要用途为流入市场；而在农业生产者考虑施药安全间隔期概率较高的条件下，农产品主要用于满足家庭需要。

表 5 表示农业生产者在对农药残留持不同态度的条件下，其农药施用行为风险因素的概率分布。农业生产者对农产品农药残留有 5 种态度，即完全不在意（A_{31}）、很少在意（A_{32}）、偶尔在意（A_{33}）、经常在意（A_{34}）和总是会在意（A_{35}）。数据显示，在农业生产者偶尔、经常和总是会在意农药残留的条件下，农药价格为适中的概率都在 0.6 以上；而

农药价格偏高或非常高的概率不到 0.06。

表 6 表示农业生产者在是否过量施用农药的条件下，其农药施用行为风险因素的概率分布。农业生产者对农药施用有 5 种程度的行为表现，分别为完全不会过量施用（A_{41}）、通常不会过量施用（A_{42}）、偶尔会过量施用（A_{43}）、通常会过量施用（A_{44}）和一定会过量施用（A_{45}）。从表中数据可以看出，在不同条件下，农业生产者的个体特征、农产品预售价、农业生产收入占总收入的比例等风险因素的条件概率波动都相对较大。

本文使用 850 组样本数据对农业生产者农药施用行为风险朴素贝叶斯评估模型进行训练，用剩余的 136 组数据对评估模型的后验概率进行计算，并对训练后的模型进行验证，得出分析结果（见图 2）。

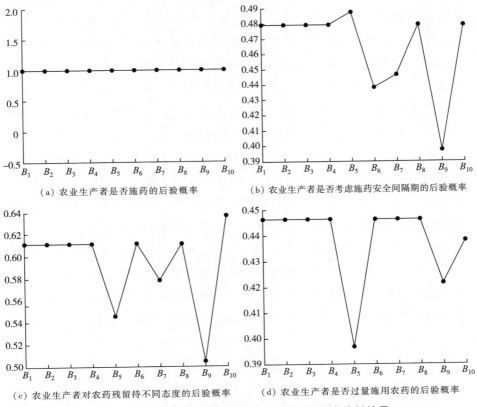

（a）农业生产者是否施药的后验概率　　　（b）农业生产者是否考虑施药安全间隔期的后验概率

（c）农业生产者对农药残留持不同态度的后验概率　　（d）农业生产者是否过量施用农药的后验概率

图 2　农业生产者农药施用行为风险的后验概率分析结果

图 2 中（a）（b）（c）（d）四幅图中的横坐标均表示 10 个农业生产

者施药行为风险因素，纵坐标分别表示农业生产者农药施用行为风险的后验概率值。

　　图 2（a）显示在风险因素影响下农业生产者是否施药的后验概率。可以看出，在所有 10 个风险因素特征已知的情况下，农业生产者在农业生产中施用农药的概率为 1，而农业生产者不施用农药的可能性为零，意味着农业生产者施用农药的行为已经非常普遍，对农业生产者的施药行为进行风险评估具有较大的现实意义。图 2（b）显示在风险因素影响下农业生产者是否考虑农药安全间隔期的后验概率。在农业生产经营类型、农业生产土地规模和农产品的主要用途等风险因素分别已知的情况下，农业生产者不会考虑施药间隔期的风险概率较高。其中，农产品的主要用途对农业生产者不考虑施药间隔期的风险概率的影响较大。研究显示，若农产品的主要用途是进入市场以获得收入，则农业生产者考虑施药间隔期的概率为 0.39～0.40；若农产品的主要用途是满足家庭需要，则农业生产者考虑施药间隔期的概率会提高。除以上风险因素之外，在农业生产者的年龄、婚姻状况、受教育程度、农业生产收入占总收入的比例、农产品预售价和农药价格 6 个风险因素分别既定的情况下，农业生产者会考虑施药间隔期的概率为 0.48 左右。图 2（c）显示在风险因素影响下农业生产者对农药残留的在意程度的后验概率。这个概率基本上为 0.60～0.62，但在风险因素 B_5、B_9 和 B_{10} 分别既定的条件下，概率会出现较大波动，表明在农产品预售价和农产品主要用途分别既定的条件下，农业生产者不在意农药残留风险的概率相对较高，而农药价格对农业生产者对农药残留的在意程度有较大影响，其后验概率接近 0.64。图 2（d）显示在风险因素影响下农业生产者是否过量施用农药的后验概率。从图中可以明显看出，在农产品预售价既定的条件下，农业生产者过量使用农药的风险会大幅度降低，即如果农产品预售价偏低，则农业生产者过量施用农药的可能性偏低。

六　主要结论与建议

（一）研究结论

　　本文利用全国 986 组样本数据对建立的朴素贝叶斯网络模型进行训练

和验证，从而对农业生产者的农药使用行为进行了风险评估。结果表明，无论主要影响因素如何，农业生产者的农药施用行为都已经非常普遍，影响农业生产者农药施用行为的风险因素是多方面的；在农业生产者施药行为的风险因素中，农产品的主要用途对农业生产者不考虑施药安全间隔期的风险行为的影响较大，且农产品的主要用途和农产品预售价对农业生产者对农药残留和农药过量施用的认知存在较大影响。农业生产者的年龄、婚姻状况、受教育程度、打工经历、农业生产经营类型、农业生产土地规模、农产品的主要用途和农产品预售价等因素均是导致农业生产者过量施用农药和对农药残留认知不足的关键因素。

（二）政策建议

1. 强化对农产品安全的监督管理

完善农产品安全监管制度，进一步规范、细化农产品安全相关法律法规，使对各类农产品的安全监管能够真正做到"有法可依"。建立健全农产品安全预警系统，在农产品安全问题事中处理和事后处理的同时，积极预防农产品安全问题的出现，逐步减少并杜绝农产品安全监管漏洞，积极遏制由此引起的农产品安全危机。同时，尽快将农业生产者纳入监控系统实施统一监管。

2. 积极引导农业生产者合理施用农药

建立相应的激励机制，主动引导农业生产者按照国家相关标准施用农药，鼓励农业生产者合理施药，对农业生产者在保证产量的情况下尽量减少农药施用量或尽量延长施药间隔期的行为给予适当补贴，提高农业生产者合理施药的积极性，从源头上保证农产品安全，降低农药施用风险。

3. 有针对性地开展农业生产者农药施用培训

我国现有的农药施用培训体系并不完善，大部分农业生产者并未受到过有效的农药施用培训，这也是农业生产者对农药残留和农药过量施用的危害认知不足的主要原因之一。针对各地区的农作物类型、病虫害易发生的类型以及农业生产者自身的经济条件、文化水平等因素开展农业生产者施药培训，是有效防范农药施用行为风险、提高农产品安全质量的重要手段。

参考文献

［1］Lynn, E. & Susan, B., "Patterns of Pesticide Use in California and the Implications for Strategies for Reduction of Pesticides," *Annual Review of Phytopathology*, 2003, 41（4）: 351 – 375.

［2］Abhilash, P. C. & Singh, N., "Pesticide Use and Application: An Indian Scenario," *Journal of Hazardous Materials*, 2009, 165（1）: 1 – 12.

［3］Van Asselt, E. D. & Meuwissen, M. P. M., "Selection of Critical Factors for Identifying Emerging Food Safety Risks in Dynamic Food Production Chains," *Food Control*, 2010, 21（6）: 919 – 926.

［4］Khan, M., Mahmood, H. Z. & Damalas, C. A., "Pesticide Use and Risk Perceptions among Farmers in the Cotton Belt of Punjab, Pakistan," *Crop Protection*, 2015, 67: 184 – 190.

［5］乔立娟、王健、李兴:《农户农药使用风险认知与规避意愿影响因素分析》,《贵州农业科学》2014 年第 3 期, 第 237 ~ 241 页。

［6］Elaine, M. & Jikun, H., "Risk Preferences and Pesticide Use by Cotton Farmers in China," *Journal of Development Economics*. 2013, 103: 202 – 215.

［7］王建华、马玉婷、李俏:《农业生产者农药施用行为选择与农产品安全》,《公共管理学报》2015 年第 1 期, 第 117 ~ 126 页.

［8］Catherine E., Le Prevost, Julia F. Storm, Cesar R. Asuaje, Consuelo Arellano, Gregory Cope, W., "Assessing the Effectiveness of the Pesticides and Farmworker Health Toolkit: A Curriculum for Enhancing Farmworkers' Understanding of Pesticide Safety Concepts," *Journal of Agromedicine*, 2014, 19（2）: 96 – 102.

［9］王双成:《贝叶斯网络学习、推理与应用》, 立信会计出版社, 2010, 第 141 页。

［10］王建华、马玉婷、晁燦璐:《农户农药残留认知及其行为意愿影响因素研究——基于全国五省 986 个农户的调查数据》,《软科学》2014 年第 9 期, 第 134 ~ 138 页。

［11］Ntow, W. J. & Gijzen, H. J. & Kelderman, P., et al., "Farmer Perceptions and Pesticide Use Practices in Vegetable Production in Ghana," *Pest Management Science*, 2006, 62（4）: 356 – 365.

［12］童霞、吴林海、山丽杰:《影响农药施用行为的农户特征研究》,《农业技术经

济》2011 年第 11 期，第 71~83 页。

[13] 王建华、马玉婷、王晓莉等:《农产品安全生产：农户农药施用知识与技能培训》,《中国人口·资源与环境》2014 年第 4 期，第 54~63 页。

[14] 蔡书凯、李靖:《水稻农药施用强度及其影响因素研究——基于粮食主产区农户调研数据》,《中国农业科学》2011 年第 11 期，第 2403~2410 页。

[15] Morris, M. L. & Doss, C. R., "How does Gender Affect the Adoption of Agricultural Innovations? The Case of Improved Maize Technology in Ghana," *Agricultural Economics*, 2001, 25 (5): 27 – 39.

[16] 王永强:《苹果种植农户使用农药行为及其控制研究》, 西北农林科技大学博士学位论文, 2012。

[17] 侯建昀、刘军弟、霍学喜:《区域异质性视角下农户农药施用行为研究——基于非线性面板数据的实证分析》,《华中农业大学学报》(社会科学版) 2014 年第 4 期，第 1~9 页。

[18] 王常伟、顾海英:《市场 VS 政府，什么力量影响了我国菜农农药用量的选择?》,《管理世界》2013 年第 11 期，第 50~66 页。

[19] 黄祖辉、杨进、彭超等:《中国农户家庭的劳动供给演变：人口、土地和工资》,《中国人口科学》2012 年第 6 期，第 12~22 页。

[20] 孔祥智、庞晓鹏、马九杰等:《西部地区农业技术应用的效果、安全性及影响因素研究》, 中国农业出版社, 2005。

[21] 董帮应:《基于规模经营视角的农户经营主体的变迁》, 安徽大学博士学位论文, 2014。

[22] Polidoro, B. A. & Dahlquist, R. M., et al., "Pesticide Application Practices, Pest Knowledge, and Cost – benefits of Plantain Production in the Bribri – Cabécar Indigenous Territories, Costa Rica," *Environmental Research*, 2008, 108 (1): 98 – 106.

[23] 张夕林、丁晓丽、钱允辉等:《水稻穗期前后施用农药对稻米中农药残留影响的研究》,《安徽农学通报》2009 年第 5 期，第 108~109 页。

[24] Isin, S. & Yildirim, I., et al., "Fruit – growers' Perceptions on the Harmful Effects of Pesticides and Their Reflection on Practices: The Case of Kemalpasa, Turkey," *Crop Protection*, 2007 (7): 917 – 922.

农户分化、关系契约治理与病虫害防治技术外包绩效*

高　杨　王　蒙**

摘　要： 本文基于山东省 520 个菜农的调研数据，采用可持续生计框架，以熵值法为工具，将菜农划分为匮乏型、普通型和充裕型。以菜农类型为调节变量，运用关系契约理论构建分析框架，以多群组结构方程模型为分析工具，探究异质性菜农病虫害防治技术外包绩效的主要影响因素。结果表明，菜农类型不同，信任、交流及灵活性对其外包绩效影响的显著性和程度也有所不同。政府在制定外包推广政策时，应充分考虑异质性农户的现实需求。

关键词： 病虫害防治技术　外包绩效　关系契约治理　农户分化

一　引言

"把饭碗牢牢端在自己手上"是我国必须长期坚持的基本方针。我国每年因病虫害而减少的粮食产量约占当年总产量的 9%，而气候变暖会加重农业病虫害，进而严重影响我国粮食安全[1]。同时，农产品质量安全问题在很大程度上源于农户对农药等化学品的过度依赖[2]。农药残留不仅成为食品安全问题的重要源头，也是农业生态环境恶化、农业可持续发展受

---

　* 教育部人文社会科学研究项目"异质性农户生产环节外包决策机理研究：以病虫害防治为例"（编号：14YJC790036）；山东省自然科学基金项目"农户分化视角下生产环节外包垂直协作方式选择"（编号：ZR2014GQ012）。

** 高杨（1983～），男，山东济宁人，博士，曲阜师范大学食品安全治理政策研究中心副教授、硕士生导师，研究方向为食品安全管理与农业经济；王蒙（1983～），男，山东蒙阴人，博士，曲阜师范大学经济学院讲师，研究方向为农户行为决策。

阻的重要因素。保障农产品的有效供给和质量安全、提升农业的可持续发展能力，是我国农业必须应对的重大挑战。

农户是农业生产的微观决策主体，病虫害防治技术服务已成为其安全生产的第一需求[3]，促进农户将病虫害防治技术外包，既能有效满足其技能需求，也是自给性小农向社会化小农转变的必然选择[4]。推广病虫害防治技术外包，有利于减轻因气候变暖而不断加重的病虫害损失，保障粮食安全；有利于提升农产品的市场竞争力，促进农民增产增收；有利于降低农户生产过程中的作业风险，减少农药及其废弃物造成的面源污染，保护生态环境和促进农业可持续发展。

廖西元等[5]对全国 8 个水稻主产省份的调查显示，尽管 80% 以上的农户都存在某些生产环节的外包行为，但病虫害防治技术外包率仅为6.09%。其原因可能在于与其他生产环节的外包相比，病虫害防治技术外包的投资周期长、风险大、未来收益的不确定性较高。如何降低病虫害防治技术的外包风险和收益的不确定性就成为本文关注的问题。要回答这一问题需要对农户病虫害防治技术的外包绩效及其决定因素进行考察。

蔬菜不仅在我国居民的食物消费中占重要地位，而且具有安全控制难的特征，应成为病虫害防治技术外包推广的重点农作物。鉴于此，本文利用山东省寿光市 9 个样本村共 520 个菜农的实证调研数据，基于可持续生计（Sustainable Livelihoods，SL）框架，以熵值法（Entropy Method，EM）为工具，对菜农的类型进行划分。以划分的菜农类型为调节变量，以关系契约理论（Relational Contract Theory，RCT）为支撑，采用多群组结构方程模型（Structural Equation Model，SEM），揭示菜农分化背景下影响病虫害防治技术外包绩效的主要因素，把握不同类型农户的外包绩效与影响因素之间的内在关系，以期为政府制定病虫害防治技术外包推广政策提供参考依据。

二 理论基础与研究假设

（一）关系契约理论

农户与外包商之间建立良好的治理机制是外包取得成功的关键之

一[6]。治理机制主要有两种：正式治理机制和关系治理机制。正式治理主要是合约治理，是一种正式的、靠法律保障的、经济利益型的治理方式[7]。农户与外包商是不同的利益主体，双方的利益诉求存在很大不同。另外，由于我国农业生产和经营的不确定性程度很高，一旦发生任何变化，正式合约就无法履行。因此，正式治理机制并不能有效解决农户与外包商之间的合作协调问题。关系治理机制，如信任、承诺和关系规范等，采用非书面的、基于人际关系的机制来影响组织行为[8]。在中国社会，人际关系不仅是人们参与社会的基本途径，在一定程度上更是中国人的社会生活本身[9]，特别是在地理空间相对封闭的乡村社会，人际关系对农民的经济行为会产生更为直接的影响[10]。因此，关系契约在病虫害防治技术外包中有较强的适应性。

关系契约的治理依赖于关系性规则，而关系性规则的作用和环境密切相关，随着社会环境、经济发展阶段甚至参与者个体因素的不同，起作用的关系性规则也不同[11]。邓春平和毛基业[12]通过对离岸软件外包进行实证研究后发现，在信任、交流、弹性（调整）三个方面的关系规范中，交流对关系治理最为重要。为此，针对各种典型情境找到该情境下能对外包绩效产生积极影响的关键关系规范，可能是一个更具有实践指导意义的研究方向。然而，在国内外相关文献中，对病虫害防治技术外包这种关系契约合作形式下的治理机制及其影响因素的系统理论分析和实证检验几乎没有。因此，本文采用关系契约视角，试图对菜农病虫害防治技术外包情景下关系性规则对外包绩效的影响进行实证检验。

（二）研究假设

本文基于 Goles[13] 对 12 篇关系性规则的经典文献的研究，把信任、交流和灵活性作为关系性规则的组成内容。

1. 信任（TR）

信任是关系契约建立和赖以维系的基础，是指在机会主义存在的情况下，仍期待对方会积极工作，履行自己的职责，表现公正[14]。信任能帮助菜农降低信息搜寻成本，推动外包商遵守双方达成的协议，减少旨在消除机会主义的监督行为，从而降低交易成本[15]。

由此提出假设 H_1：信任对菜农病虫害防治技术的外包绩效具有正向影响。

2. 交流（EX）

交流是指菜农与外包商之间分享有意义的、正式或非正式的、及时的信息的过程。交流能够促进菜农与外包商之间多方位的信息共享，减少两者之间的冲突，在一定程度上弥补信息不对称，有效降低双方行为的不确定性，进而促进双方之间的信任和合作伙伴关系的建立[16]。

由此提出假设 H_2：交流对菜农病虫害防治技术的外包绩效具有正向影响。

3. 灵活性（FL）

灵活性是指双方随着合作环境的变迁，不断调整合作要求和任务，以在新的环境中进一步有效合作。在组织之间的合作关系中，众多学者发现灵活性是提高合作绩效的一个重要因素。廖成林和仇明全[17]把灵活性当作企业之间合作关系的一个维度，发现具有这种特性的企业间合作关系对敏捷供应链和企业绩效都有显著影响。武志伟等[18]也发现灵活性对提高企业之间的合作绩效具有直接影响。

由此提出假设 H_3：灵活性对菜农病虫害防治技术的外包绩效具有正向影响。

三　研究设计

（一）样本选取

山东省寿光市是国务院命名的"中国蔬菜之乡"，拥有全国最大的蔬菜生产和批发市场。本文选择寿光市作为调研区域来分析菜农病虫害防治技术的外包问题，可望具有较强的代表性。考虑到样本选取的科学性，在寿光市9个乡镇各选取1个村进行调研。

本次调研采用调查员入户访谈或者在田间地头与农民一对一直接访谈的方式。为了最大限度地减少被访者的理解偏差，确保问卷的真实性和有效性，调查问卷由经过培训的研究生和高年级本科生负责填写。在正式调查前，对所有调查人员进行了专门培训，并于 2014 年 10 月在古城乡桑宫村进行了预调研，在对问卷进行信度与效度分析后调整了问卷题项。采用调整后的调查问卷，于 2014 年 11 月 17 日至 11 月 30 日展开正式调查。

（二）受访者基本特征

本次调查共发放问卷 550 份，剔除填写不规范或者关键信息缺失的问卷 30 份，最终获得有效问卷 520 份，问卷有效率为 94.5%。男性受访者占 60.0%；年龄在 45 岁以下的受访者占 39.0%，45 岁及以上的占 61.0%，表明菜农整体上趋于老龄化；从受访者的受教育程度看，初中及以下的居多，达到 62.9%，说明菜农的受教育程度普遍较低；从受访者的非农收入占比来看，非农收入占比在 50% 以下的菜农占 81.2%，菜农的兼业化水平较低（见表 1）。

表 1　受访者基本特征

分类指标		样本数	比例（%）	分类指标		样本数	比例（%）
性别	男	312	60.0	年龄	18~44 岁	203	39.0
	女	208	40.0		45~59 岁	305	58.7
受教育程度	小学及以下	83	16.0		60 岁及以上	12	2.3
	初中	244	46.9	非农收入占比	0%	77	14.8
	中专或高中	166	31.9		0~50%	345	66.4
	大学及以上	27	5.2		50% 以上	98	18.8

（三）变量设置

本文涉及的 4 个变量均采用 Likert 七点式量表测量。为确保具有良好的内容效度，根据相关文献研究并结合专家意见对各变量的测量项进行预测试[19~21]。信任使用菜农更换外包商的频度（RO）、菜农对外包商遵守承诺的认可度（KP）和菜农对外包商履行义务的认可度（FO）三个测量项来测量；交流使用菜农与外包商之间的信息共享（IS）、及时交流（EC）和知识共享（KS）三个测量项来测量；灵活性使用菜农对外包商请求的灵活响应（FR）和双方的相互理解（MU）两个测量项来测量。

利润最大化、劳役规避和风险规避是农户行为决策的目标[22]，而菜农技术外包的意图是用最低的成本购买一定质量和数量的服务，以达到上述目标。因此，菜农病虫害防治技术外包绩效量表的测量项有三个。一是利润最大化。菜农将病虫害防治技术外包，不仅能够减轻病虫害损失，而且能提升农产品的质量安全水平，进而增强市场竞争力，促进菜农增产增收。二是劳役规避。外包使农户更加专注自己擅长的生产环节，避免重复性劳动。三是风险规避。菜农将病虫害防治技术外包，能够降低菜农生产过程中的作业风险。

四　菜农类型划分

（一）　生计资产指标体系构建

英国国际发展署（Department for International Development，DFID）开发的可持续生计框架为农户生计发展趋势的识别及农户类型的划分提供了全新的视角[23]。按照该框架的划分，农户的生计资产分为五大类：自然资产、物质资产、人力资产、金融资产和社会资产。本文参考李小云等[24]、李广东等[25]的研究成果，选取菜农人均拥有耕地面积和家庭人均实际蔬菜种植面积两个指标作为自然资产的衡量指标；选取菜农所拥有的住房的质量和家庭固定资产两个指标作为物质资产的衡量指标，后者包括生产性工具和耐用消费品；菜农所拥有的人力资产的数量与质量决定其能否合理运用其他资产，选取菜农家庭的整体劳动能力、受教育程度及家庭成员拥有的职业技能三个指标来测算其人力资产；选取菜农自身的现金收入，能否从银行或信用社获得贷款，能否向亲戚、朋友或邻居借款三个指标来测算菜农的金融资产；菜农的社会资产包括个人参与的社会组织和获得的社会网络支持，因此选取参与社会活动和社区组织的数量、村内交往的农户户数、是否有亲戚在城市定居三个指标作为衡量其社会资产的具体指标。

（二）　熵值法

熵值法是借鉴信息论中"熵是对不确定性的一种度量"的概念而形成

的一种综合评价方法，具有较强的客观性[26]。它通过计算指标的信息熵，根据指标的相对变化程度对系统整体的影响来决定指标的权重，相对变化程度大的指标具有较大的权重。熵越大说明系统越混乱，携带的信息越少，效用值越小，权重越小；熵越小说明系统越有序，携带的信息越多，效用值越大，权重越大。根据熵的特性，可以通过计算熵值来判断一个事件的随机性及无序程度，也可以用熵值来判断某个指标的离散程度，指标的离散程度越大，该指标对综合评价的影响就越大。计算过程如下所示。

第1步：选取指标和样本。选取代表菜农的 n 个样本和 m 个指标，则 x_{ij} 为菜农的第 i 个样本的第 j 个指标的数值（$i = 1，2，\cdots，n；j = 1，2，\cdots，m$）。

第2步：数据标准化处理。由于各项指标的计量单位不统一，因此在用它们计算综合指标前，先要对它们进行标准化处理，具体方法如式（1）所示。

$$x'_{ij} = \frac{x_{ij} - \bar{x}_j}{s_j} \tag{1}$$

其中，$\bar{x}_j$ 为第 j 项指标的平均值；s_j 为第 j 项指标的标准差。

第3步：计算第 j 项指标下第 i 个样本占该指标的比重［见式（2）］。

$$p_{ij} = \frac{x'_{ij}}{\sum\limits_{i=1}^{n} x'_{ij}} \tag{2}$$

第4步：计算第 j 项指标的熵值 e_j 和信息效用值 d_j［见式（3）和式（4）］。

$$e_j = -k \sum_{i=1}^{n} p_{ij} \ln(p_{ij}) \tag{3}$$

其中，$k > 0$；$k = 1/\ln(n)$；$e_j \geqslant 0$。

$$d_j = 1 - e_j \quad (j = 1, 2, \cdots, m) \tag{4}$$

第5步：计算评价指标权重［见式（5）］。

$$w_j = \frac{d_j}{\sum\limits_{j=1}^{m} d_j} \quad (1 \leqslant j \leqslant m) \tag{5}$$

第 6 步：测算菜农所积累的各分项资产产值 c_i ［见式（6）］。

$$c_i = \sum_{j=1}^{m} x'_{ij} w_j \tag{6}$$

（三）农户生计资产结构特征

基于调研数据测算受访农户的生计资产产值（见表 2）。菜农拥有的自然资产产值的离散系数较小，94.8% 的农户的自然资产产值在 0.30 以下，可能的原因在于：与种植其他农作物相比，种植蔬菜存在土地、资本和技术等资源禀赋限制以及病害虫防治和杂草管理等方面的预期困难，菜农规模化经营的趋势不明显。菜农物质资产产值的离散系数也较小，90.0% 的菜农的物质资产产值在 0.30 以下，这表明调查区域的菜农所拥有的基础设施、生产和生活工具无明显差异。人力资产产值为 0 ~ 0.24、0.25 ~ 0.35、0.36 ~ 1 的农户比例分别为 30.96%、35.77%、33.27%。金融资产产值、社会资产产值集中分布在 0.20 左右。菜农的人力资产产值的离散系数最大，差异表现最为明显，故将菜农拥有的人力资产产值作为主要标准将其划分为三种类型：人力资产匮乏型（OP_{DE}）、人力资产普通型（OP_{OR}）和人力资产充裕型（OP_{AB}）。

表 2 农户生计资产产值

生计资产＼农户编号	1	2	3	…	518	519	520	均值	标准差	离散系数
自然资产	0.10	0.10	0.10	…	0.12	0.12	0.09	0.13	0.05	0.38
物质资产	0.15	0.18	0.13	…	0.06	0.21	0.20	0.17	0.06	0.35
人力资产	0.41	0.34	0.22	…	0.21	0.58	0.28	0.32	0.25	0.78
金融资产	0.21	0.27	0.20	…	0.24	0.22	0.20	0.22	0.06	0.27
社会资产	0.21	0.21	0.21	…	0.21	0.21	0.23	0.27	0.08	0.30

五 实证模型与分析结果

（一）实证模型

为进一步审视假设模型的适配情况，并探索假设模型中的向量在不同群体中的特征，模型检验主要基于多群组结构方程模型进行。多群组结构方程模型可用于评估适配于某一样本的模型是否也适配于其他不同的样本群体，即评估研究者所提出的假设模型在不同样本之间是否相同或参数是否具有不变性[27]。

本文运用偏最小二乘法的方差分析软件 Smart - PLS 对数据进行分析。PLS 对变量之间的关系具有很强的预测能力，它允许变量为非正态分布，对数据没有严格要求，可以是小样本。本文以人力资产为调节变量，对样本数据进行分组后，样本数量较小，选择 PLS 来分析数据比较合适。

多群组结构方程模型包括测量模型和结构模型，前者反映潜变量和可测变量之间的关系，后者反映潜变量之间的结构关系。多群组结构方程模型一般由以下三个矩阵方程式代表。

$$\eta = \beta\eta + \Gamma\zeta + \zeta \tag{7}$$

$$X = \Lambda_x \xi + \delta \tag{8}$$

$$Y = \Lambda_y \eta + \varepsilon \tag{9}$$

其中，η 为内生潜变量，表示菜农病虫害防治技术的外包绩效；ξ 为外源潜变量，指代信任、交流和灵活性。η 通过 β 和 Γ 系数矩阵以及误差向量 ζ 把内生潜变量和外源潜变量联系起来，β 代表内生潜变量之间的关系，Γ 代表外源潜变量对内生潜变量的影响，ζ 为结构方程的残差项，反映了在方程中未能被解释的部分。式（8）和式（9）为测量模型，X 为外源潜变量的可测变量，Y 为内生潜变量的可测变量，Λ_x 为外源潜变量与其可测变量的关联系数矩阵，Λ_y 为内生潜变量与其可测变量的关联系数矩阵，δ 为外源指标 X 的误差项，ε 为内生指标 Y 的误差项，通过测量模型，潜变量可以通过可测变量来反映。

（二）测量模型

测量模型主要检验量表信度、聚合效度及区分效度。反映性测量模型的信度主要通过组合信度（简称 CR）来检验。如表 3 所示，全部样本的所有变量的 CR 值均大于 0.7，说明测量模型具有较高的信度。

聚合效度利用观测变量的因子载荷和平均提取方差（简称 AVE）两个指标来检验。所有观测变量的 AVE 值均高于阈值 0.5。此外，三个变量的因子载荷均大于阈值 0.7，且均通过显著性检验，说明测量模型具有较高的聚合效度。

表3　全部样本的变量测量

变　量	测量项	载　荷	T 值	CR	AVE
信　任	菜农更换外包商的频度（RO）	0.712	13.55		
	菜农对外包商遵守承诺的认可度（KP）	0.793	19.53	0.831	0.519
	菜农对外包商履行义务的认可度（FO）	0.721	14.12		
交　流	信息共享（IS）	0.805	22.13		
	及时交流（EC）	0.772	18.25	0.845	0.536
	知识共享（KS）	0.711	13.32		
灵活性	灵活响应（FR）	0.730	14.32	0.898	0.585
	相互理解（MU）	0.817	22.33		

表4 显示变量之间具有较高的区分效度。

表4　变量的区分效度

变　量	信任（TR）	交流（EX）	灵活性（FL）
信任（TR）	0.72	—	—
交流（EX）	0.54	0.73	—
灵活性（FL）	0.43	0.47	0.76

（三）结构模型及分组检验

运用 520 个样本数据，采用 smart – PLS 提供的 Bootstrapping（$N = 520$）算法对结构模型的路径系数进行显著性检验。模型拟合结果的复相关平方值 R^2 与路径系数及显著性检验的结果见图 1 和图 2。R^2 反映结构模型中内生潜变量的方差变异能被外生潜变量解释的程度，也反映模型的预测能力。拟合结果显示，各内生潜变量被解释得比较充分，结构模型具有较好

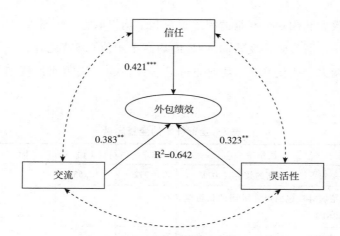

图1　概念模型的分析结果

注：＊P＜0.1，＊＊P＜0.05，＊＊＊P＜0.01。

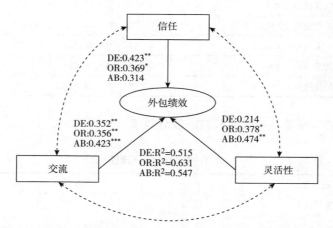

图2　人力资产匮乏型（DE）、普通型（OR）和充裕型（AB）模型的分析结果

注：＊P＜0.1，＊＊P＜0.05，＊＊＊P＜0.01。

的解释力。

根据图1和图2所示的数据，假设检验结果与讨论如下。

第一，在菜农病虫害防治技术外包绩效（OP_{AII}）的影响因素中，信任（TR）的标准化系数为0.421，信任与外包绩效在1%的水平上显著正相关，假设1得到证实。由此可知，更换外包商频度越低、对外包商遵守承诺和履行义务的认可度越高的菜农，对外包商的信任程度越高，因此能够降低交易过程中的信息搜寻成本、谈判成本和执行成本，有效减轻病虫害损失，提升农产品的质量安全水平，从而实现利润最大化。同时，越信任外包商的农户，越相信外包商的病虫害防治专业技术水平，对于是采用物理防治、生物防治还是传统防治更多地由外包商决定，从而实现劳役规避和风险规避。这与 Chang 和 Gotcher[15] 关于信任可提高绩效的研究结论基本吻合。

对 OP_{DE}、OP_{OR}、OP_{AB} 的进一步分析表明，信任对 OP_{DE}、OP_{OR} 均产生显著正向影响，但对 OP_{AB} 并未产生显著影响。原因可能在于，与其他两种类型的菜农相比，AB 型菜农更加相信自己的病虫害防治技术水平，药物类型、使用剂量及用药时间都由菜农自己决定，且其监督外包商的时间和次数要多于其他类型菜农。

第二，在菜农病虫害防治外包绩效（OP_{All}）的影响因素中，交流（EX）的标准化路径系数为 0.383，交流对外包绩效在 5% 的水平上产生显著正向影响，假设 2 得到证实。菜农能够与外包商及时交流并做到信息、知识共享，可在一定程度上克服信息不对称、减少机会主义行为，从而相应提高外包绩效。这与石岿然等[16] 关于交流与绩效之间关系的研究结论相吻合。

进一步分析表明，交流对 OP_{DE}、OP_{OR}、OP_{AB} 均产生显著正向影响，但交流对 OP_{AB} 影响的显著程度要高于其对 OP_{DE} 和 OP_{OR} 影响的显著程度。原因可能在于，人力资产产值高的菜农的受教育程度和职业技能水平较高，其社会资产和金融资产产值也相应较高，故 AB 型菜农更有能力获得与外包商的对话权。

第三，对 OP_{All} 数据的分析结果表明，灵活性（FL）的标准化路径系数为 0.323，与外包绩效在 5% 的水平上显著正相关，灵活性对外包绩效具有显著正向影响，假设 3 得到验证。由此可知，菜农与外包商之间能够相互理解，菜农对外包商的要求能够灵活响应，双方能够不断根据合作环境的变化调整合作要求及任务，从而解决相关问题，形成更好的合作关系，进而提高外包绩效。这与廖成林和仇明全[17]、武志伟等[18] 关于灵活性能够提高合作绩效的研究结论相一致。

进一步的分析表明，灵活性对 OP_{OR}、OP_{AB} 均产生显著正向影响，而对 OP_{DE} 并没有产生显著影响。原因可能在于，与其他两种类型的菜农相比，DE 型菜农对于已经发生变化的外包环境以及外包商所提的要求很难做出合理的判断，往往会采取中止外包的行为。

六　主要结论与政策建议

本文基于山东省寿光市 9 个样本村共 520 个菜农的调研数据，采用可持续生计框架，以熵值法为工具，划分菜农类型。以划分的菜农类型为调节变量，运用关系契约理论构建分析框架，以多群组结构方程模型为分析工具，探究了影响不同类型菜农病虫害防治技术外包绩效的关键因素。主要结论与政策建议如下。

第一，菜农的生计资产配置结构差异明显，其中人力资产的差异最大，说明人力资产在菜农的决策中起到基础性的作用。教育是增加人力资产的有效途径，政府应加大对农村学校的财政支持力度，大力培养师资力量。同时，还应重视对农村地区的职业教育和技术培训。

第二，信任、交流及灵活性皆是影响菜农病虫害防治技术外包绩效的关键因素。因此，政府应对当地的所有外包商进行评估，把信誉好、技术服务水平高的外包商的联系方式编成手册，分发给菜农，以提高菜农对外包商的信任水平；应设置由外包商专门负责的实验田，让菜农切实感受到外包商的专业化水平；应定期召开菜农和外包商共同参加的交流大会，促进双方的深层次交流，增强双方的合作弹性。

第三，菜农类型不同，信任、交流及灵活性对其外包绩效影响的显著性和程度也有所不同。政府在制定病虫害防治技术外包推广政策时，应充分考虑异质性农户的切实需求。对于人力资产匮乏的菜农，政府的工作重点应该是降低外包过程中的不确定性；而对于人力资产充裕的菜农，政府的工作重点应该是提高菜农对外包商的信任水平。

参考文献

[1] 周曙东、周文魁、林光华等：《未来气候变化对我国粮食安全的影响》，《南京农业大学学报》（社会科学版）2013 年第 1 期，第 56 ~ 65 页。

[2] 王常伟、顾海英：《市场 VS 政府，什么力量影响了我国菜农农药用量的选择？》，

《管理世界》2013 年第 11 期，第 50 ~ 66 页。

[3] 张耀钢、应瑞瑶：《农户技术服务需求的优先序及影响因素分析——基于江苏省种植业农户的实证研究》，《经济学研究》2007 年第 3 期，第 65 ~ 71 页。

[4] 赵玉姝、焦源、高强：《农业技术外包服务的利益机制研究》，《农业技术经济》2013 年第 5 期，第 28 ~ 34 页。

[5] 廖西元、申红芳、王志刚：《中国特色农业规模经营"三步走"战略——从"生产环节流转"到"经营权流转"再到"承包权流转"》，《农业经济问题》2011 年第 12 期，第 15 ~ 22 页。

[6] Clark, T., Zmud, R. W., Mccra, Y. G., "The Outsourcing of Information Services: Transforming the Nature of Business in the Information Industry," *Journal of Information Technology*, 1995 (10): 221 – 237.

[7] Ferguson, R. J., Panlin, M., Bergeron, J., "Contractual Governance, Relational Governance, and the Performance of Interfirm Service Exchanges: The Influence of Boundary – spanner Closeness," *Journal of the Academy of Marketing Science*, 2005 (33): 217 – 234.

[8] Macneil, I. R., "The New Social Contract: An Inquiry into Modern Contractual Relations," *New Haven: Yale University Press*, 1980.

[9] 韩巍、席酉民：《关系：中国商业活动的基本模式探讨》，《西北大学学报》（社会科学版）2001 年第 1 期，第 43 ~ 47 页。

[10] 张闯、林曦：《农产品交易关系治理机制：基于角色理论的整合分析框架》，《学习与实践》2012 年第 12 期，第 38 ~ 44 页。

[11] 孙元欣、于茂荐：《关系契约理论研究综述》，《学术交流》2010 年第 8 期，第 117 ~ 123 页。

[12] 邓春平、毛基业：《关系契约治理与外包合作绩效——对 FT 离岸软件外包项目的实证研究》，《南开管理评论》2008 年第 4 期，第 25 ~ 33 页。

[13] Goles, T., "The Impact of the Client – Vendor Relationship on Outsourcing Success," Unpublished Dissertation, *University of Houston*, 2001.

[14] Zaheer, A., Mcevily, B., Perrone, V., "Dos Trust Matter? Exploring the Effects of Interorganizational and Interpersonal Trust on Performance," *Organization Science*, 1998, 9 (2): 141 – 159.

[15] Chang, K. H., Gotcher, D. F., "Safeguarding Investments and Creation of Transaction Value in Asymmetric International Subcontracting Relationships: The Role of Relationship Learning and Relational Capital," *Journal of World Business*, 2007, 42

（4）：477 - 488.

[16] 石岿然、王冀宁、许景：《供应链买方信任的前因及信任对合约修改弹性的影响》，《系统工程理论与实践》2014 年第 6 期，第 1431 ~ 1442 页。

[17] 廖成林、仇明全：《敏捷供应链背景下企业合作关系对企业绩效的影响》，《南开管理评论》2007 年第 1 期，第 106 ~ 110 页。

[18] 武志伟、茅宁、陈莹：《企业间合作绩效影响机制的实证研究——基于 148 家国内企业的分析》，《管理世界》2005 年第 9 期，第 99 ~ 106 页。

[19] Poppo, L., Zhou, K. Z., Zenger, T. R., "Examining the Conditional Limits of Relational Governance: Specialized Assets, Performance Ambiguity, and Long - Standing Ties," *Journal of Management Studies*, 2008, 45 (7): 1195 - 1216.

[20] Fink, R. C., James, W. L., Hatten, K. J., "An Exploratory Study of Factors Associated with Relational Exchange Choices of Small -, Medium - and Large - Sized Customers," *Journal of Targeting, Measurement and Analysis for Marketing*, 2009, 17 (1): 39 - 53.

[21] Genctur, E. F., Aulakh, P. S., "Norms and Control - based Governance of International Manufacturer - Distributor Relational Exchanges," *Journal of International Marketing*, 2007, 15 (1): 92 - 126.

[22] 马志雄、丁士军：《基于农户理论的农户类型划分方法及其应用》，《中国农村经济》2013 年第 4 期，第 28 ~ 38 页。

[23] 王利平、王成、李晓庆：《基于生计资产量化的农户分化研究——以重庆市沙坪坝区白林村 471 户农户为例》，《地理研究》2012 年第 5 期，第 945 ~ 954 页。

[24] 李小云、董强、饶小龙等：《农户脆弱性分析方法及其本土化应用》，《中国农村经济》2007 年第 4 期，第 32 ~ 39 页。

[25] 李广东、邱道持、王利平：《生计资产差异对农户耕地保护补偿模式选择的影响——渝西方山丘陵不同地带样点村的实证分析》，《地理学报》2012 年第 4 期，第 504 ~ 515 页。

[26] 霍增辉、张玖：《基于熵值法的浙江省海洋产业竞争力评价研究》，《华东经济管理》2013 年第 12 期，第 10 ~ 13 页。

[27] Demurger, S., Fournier, M., Yang, W. Y., "Rural Households' Decisions towards Income Diversification: Evidence from a Township in Northern China," *China Economic Review*, 2010 (21): 32 - 44.

生猪养殖户兽药负面使用行为分析

——以阜宁县为例[*]

谢旭燕[**]

摘　要：本文探讨分析养殖户兽药负面使用行为的影响因素及多层次的养殖户特征，旨在为提高政府监管的精准性，降低生猪质量的安全风险提供参考。本文基于中国江苏省阜宁县 654 户生猪养殖户的调查数据，运用多元有序 Logistic 模型对有兽药负面使用行为的养殖户的特征进行实证研究。研究发现，养殖户的兽药负面使用行为较为普遍，养殖户的基本特征、生产经营特征、认知特征及政府监管特征均不同程度地影响其兽药使用行为。进一步分析表明，养殖年限在 10 年及以上的小规模男性养殖户更倾向于采取中级层次的兽药负面使用行为；而中等规模养殖户则更倾向于采取高级层次的兽药负面使用行为；养殖户的受教育程度、对违禁兽药及相关法律法规的认知水平与中级和高级层次的兽药负面行为具有负相关关系。因此，养殖年限在 10 年及以上、受教育程度较低的中小规模男性养殖户，应该成为政府监管的主要对象。在提高养殖户自身科学素养的同时，应健全畜禽产品监管检测等公共社会化服务体系，防止问题猪肉流入市场。

关键词：生猪养殖户　兽药使用　负面行为　行为层次　养殖户特征

---

* 国家社科基金重大项目（14ZDA069）；国家自然科学基金项目（71273117）；江苏省六大人才高峰资助项目（2012 – JY – 002）；江苏省高校哲学社会科学优秀创新团队建设项目（2013 – 011）。

** 谢旭燕（1990 ~ ），江苏宜兴人，江南大学商学院硕士研究生，研究方向为食品安全管理。

一　引言

生猪养殖业在中国农业生产中历来占有重要地位。虽然自 1980 年以来，中国城乡居民的肉类消费结构发生了显著的变化，但猪肉始终是城乡居民肉类消费的主体。2012 年中国城乡居民猪肉消费量占肉类消费量的比重分别为 59.45% 和 69.06%①。然而，遗憾的是，"瘦肉精""抗生素滥用""兽药残留超标"等事件频发，中国的猪肉质量始终存在安全风险，引起公众对猪肉消费的恐慌。追根溯源，中国猪肉质量的安全风险更多且直接地由生猪养殖户在养殖环节的兽药负面使用行为②所致[1]。业已证明，大量兽药被摄入生猪体内后会随血液循环分布于淋巴结、肾和肝等器官，直接影响猪肉的质量安全，降低猪肉的食用品质，对消费者的健康构成威胁[2]。为规范养殖户在生猪养殖过程中使用兽药、抗生素类药物及其添加剂等的行为，中国农业部分别实施了《饲料药物添加剂使用规范》《动物用药品管理法》《畜牧法》等法律法规，并逐步完善了兽医防疫检验、兽药及其添加剂在动物食品中的残留检测等方面的技术法规。然而，目前中国兽药残留抽检监控的对象以屠宰场、农贸市场以及加工厂生产的肉制品为主，对养殖环节的检测主要通过活猪猪尿进行。而由于活猪猪尿获取的复杂性及尿液多残留检测技术推广的有限性，政府部门对生猪养殖户特别是以家庭为单位的中小规模养殖户和散户的兽药使用行为的监管陷入了束手无策的尴尬境地。因此，深入了解养殖户的兽药使用行为，分析其负面使用行为的影响因素，探讨具有多层次兽药负面使用行为的养殖户的特征，有利于政府加强对养殖环节的监管，保证猪肉质量安全。

学者们从不同角度对影响养殖户兽药使用行为的因素展开了研究。大量的研究显示，性别、年龄、受教育程度等养殖户的基本特征在不同水平

---

① 数据来源于《中国统计年鉴 2013》，由作者整理计算所得。其中，肉类指猪肉、牛肉、羊肉及禽类肉。

② 兽药负面使用行为主要是指滥用或过量使用兽药、使用过期或失效的兽药、非法使用违禁兽药、以人用药代替兽药、使用兽药原料药、长期低剂量用药以及不遵守兽药休药期规定等。本文重点研究较为普遍的滥用或过量使用兽药、以人用药代替兽药、不遵守兽药休药期规定三种类型。

上影响其兽药使用行为[3]。比如，吴秀敏的研究显示，相比于男性饲养者，女性饲养者对使用安全兽药持更保守的态度，而生猪养殖户的年龄与其兽药使用意愿有很强的负相关性[4]。孙世民等研究指出，养猪场（户）决策者的受教育程度是其质量安全行为的根源因素之一，两者呈正相关关系[5]。养殖户的生产特征与认知特征对其行为意向和决策有显著的调节作用。吴学兵和乔娟研究指出，养殖规模及养殖户对兽药添加剂的认知水平对其生猪质量安全控制行为有显著影响[6]。Garforth 等的研究表明，养殖户的态度与风险感知是影响其生猪疾病控制行为的主要因素[7]。除自身因素外，养殖户的兽药使用行为也受到外部环境等因素的影响。王海利等认为，生猪宰前检疫与管理作为产地检疫的延续与补充，是提高肉品质量的关键[8]。王海涛和王凯基于多群组结构方程模型的实证研究，表明政府管制对养殖户生产决策行为的影响随着政府投入力度的加大而增强[9]。现有的相关文献更多的是对养殖户的兽药安全使用意愿及态度展开研究，对生猪养殖户的兽药使用行为以及负面行为层次的研究较少。本文运用多元有序 Logistic 模型，对可能影响养殖户兽药使用行为的主要因素进行实证研究，并深入研究具有多种兽药负面使用行为的养殖户的特征，以提高政府监管的精准性，降低生猪质量的安全风险。

二 数据来源与样本统计

（一）数据来源

本文以中国江苏省阜宁县为案例展开对养殖户兽药使用行为的实证调查。阜宁县是中国闻名的生猪养殖大县，2012 年和 2013 年的生猪出栏量分别为 166.16 万头和 174.98 万头。对阜宁县的调查于 2014 年 1 月展开，调查之前对该县不同规模的生猪养殖户展开了预调查，并根据预调查最终确定调查问卷。实际调查面向阜宁县辖区内所有的 13 个乡镇。需要指出的是，在调查中发现有极少数规模超过 1000 户的生猪养殖户样本，占所有样本量的 0.87%。由于在所调查地区绝大多数生猪养殖户为散户与中小规模养殖户，同时考虑到散户与中小规模养殖户是中国生猪养殖户的主体，故在实际调查的 690 户生猪养殖户样本中，剔除了少量大规模生猪养殖户与不合格的养殖户样本，共获得有效样本 654 户，有效比例为 94.8%。

考虑到面对面的调查方式能有效地避免受访者对所调查问题可能存在的认识上的偏误，并有助于提高问卷反馈率，本文的调查采用面对面的调查方式，由经过训练的调查员对生猪养殖户进行访谈式调查并统计。调查员为江苏省食品安全研究基地的硕士、博士研究生。

（二）兽药使用行为调查的主要内容

调查内容主要包括养殖户的兽药使用行为、养殖户的基本特征、养殖户的生产经营特征、养殖户的认知特征及政府监管特征。考虑到兽药负面使用行为的多样性及相关数据的可获得性，本文以是否遵守休药期规定（出栏前多少天停止使用兽药及药物添加剂）以及对兽药效果不佳的处理方式（是否滥用或过量使用兽药、是否以人用药代替兽药）来评判养殖户是否有兽药负面使用行为。

（三）样本描述性分析

1. 兽药使用的主要负面行为

表 1 的问卷统计结果显示，55.5% 的接受调查的养殖户（以下简称受访者）表示，滥用或过量使用兽药是其解决兽药效果不佳问题的主要方式。与此同时，分别有 24.3%、68.3% 的受访者具有以人用药代替兽药、不遵守休药期规定的负面行为。如前所述，养殖户兽药使用的负面行为具有多样性。为简单起见，本文重点研究较为普遍的三种类型：滥用或过量

表 1　养殖户兽药负面使用行为

	滥用或过量使用兽药	以人用药代替兽药	不遵守休药期规定
无负面行为	0	0	0
低级层次	72	12	213
中级层次	237	93	180
高级层次	54	54	54
合 计	363（55.5%）	159（24.3%）	447（68.3%）

使用兽药、以人用药代替兽药、不遵守兽药休药期规定。并将受访者采用其中的一种、两种、三种负面行为（行为的组合）分别称为低级、中级、高级三种层次，以反映养殖户兽药使用负面行为的程度。

2. 调查样本的基本特征

在受访者中，男性占 59.2%，略高于女性比例；年龄区间为 30~80 岁，平均年龄为 56.2 岁；受教育程度以小学及以下、初中为主体，分别占样本总数的 58.7%、28.9%。总体而言，采取兽药使用负面行为的养殖户的受教育程度偏低，以男性为主。

3. 调查样本的生产经营特征

养殖户的生猪销售对象主要为流动的生猪商贩、私人屠宰场及政府指定的屠宰场。调查结果显示，分别有 65.1% 和 31.7% 的受访者表示其养殖的生猪分别销售给流动的生猪商贩和私人屠宰场。政府指定的生猪屠宰场在收购生猪时要求养殖户出示"动物产地检疫合格证明"或"出县境动物检疫合格证明"和"动物、动物产品运载工具消毒证明"，宰前检疫要经过活猪接收、接收后检疫、仓储检疫及送检检疫四个程序[8]，为逃避严格的检疫程序，仅有 3.2% 的受访者愿意将其养殖的生猪出售给政府指定的屠宰场。不同生猪养殖规模的受访者采取的负面行为并不相同。规模越大，受访者滥用或过量使用兽药、以人用药代替兽药的比例越高，而散户与小规模养殖户不遵守休药期规定的比例较高，中等规模养殖户不遵守休药期规定的比例（47.1%）显著低于散户（71.9%）与小规模养殖户（88.2%）①。

4. 调查样本的认知特征

受访者对兽药使用规范的认知度较低，分别有 66.1% 和 48.2% 的受访者表示对禁用兽药和兽药残留危害完全不了解，且这部分受访者确实存在兽药负面使用行为。64.7% 的受访者表示完全不了解相关法律法规，且各种兽药负面使用行为的比例较高。

---

① 根据《2012 全国农产品成本收益资料汇编》附录中的饲养业品种规模分类标准，生猪养殖数量 30 头（含）以下的为散户，31~100 头的为小规模，101~1000 头的为中等规模，1000 头以上的为大规模。本文按照这个标准进行分类。

5. 调查样本的政府监管特征

61.0% 的受访者表示当地政府会对生猪养殖进行监管，且被监管的受访者发生各种负面行为的比例要明显低于不被监管的受访者。问卷将宰前检疫力度设定为"很小""小""一般""大""很大"五个等级，由受访者评价。调查结果显示，分别有 62.8% 和 23.4% 的受访者认为宰前检疫力度"很小"和"一般"，相对应的是，这部分受访者采取各种兽药负面使用行为的比例较高。

三　实证分析

（一）模型构建与变量设置

为全面地研究影响生猪养殖户兽药负面使用行为与行为层次的主要因素，本文构建多元有序 Logistic 模型，对养殖户的兽药使用负面行为与行为层次进行定量评价。根据前文的研究假设及样本的描述性分析，以 Y_i 表示养殖户兽药负面使用行为的层次，可分为无负面行为与低级、中级、高级层次 4 个等级，分别用 0、1、2、3 表示。同时，引入不可观测的潜在变量——养殖户兽药使用行为的期望净收益 U_i。令第 i 个养殖户兽药使用行为的期望净收益为：

$$U_i = \beta X_i + \varepsilon_i \tag{1}$$

其中，解释变量 X_i 表示影响生猪养殖户兽药使用行为的期望净收益的因素，主要包括养殖户的基本特征、养殖户的生产经营特征、养殖户的认知特征及政府监管特征，具体变量定义与赋值见表 2。β 是解释变量的一组未知系数，ε_i 为独立同分布的随机扰动项。假设 Y_i 的取值与潜在变量 U_i 存在以下对应关系：

$$\begin{cases} Y_i = 0, & U_i \leqslant \mu_1 \\ Y_i = 1, & \mu_1 < U_i \leqslant \mu_2 \\ Y_i = 2, & \mu_2 < U_i \leqslant \mu_3 \\ Y_i = 3, & \mu_3 < U_i \end{cases} \tag{2}$$

在式（2）中，临界点 μ_i 将 U_i 划分为 4 个互不重叠的区间，且满足 $\mu_1 < \mu_2 < \mu_3$。一般而言，假设 ε_i 的分布函数为 $F(x)$，则可以得到被解释变量 Y_i 取各个选择值的概率：

$$\begin{cases} P(Y_i = 0) = F(\mu_1 - \beta X_i) \\ P(Y_i = 1) = F(\mu_2 - \beta X_i) - F(\mu_1 - \beta X_i) \\ P(Y_i = 2) = F(\mu_3 - \beta X_i) - F(\mu_2 - \beta X_i) \\ P(Y_i = 3) = 1 - F(\mu_3 - \beta X_i) \end{cases} \tag{3}$$

由于 ε_i 服从 Logistic 分布，因此：

$$\begin{aligned} P(Y_i > 0) &= F(U_i - \mu_1 > 0) = F[\varepsilon_i > (\mu_1 - \beta X_i)] \\ &= 1 - F[\varepsilon_i < (\mu_1 - \beta X_i)] \\ &= \frac{\exp(\beta X_i - \mu_1)}{1 + \exp(\beta X_i - \mu_1)} \end{aligned} \tag{4}$$

（二）模型的估计结果分析

根据前文所述的估计方法，运用 SPSS 21.0 对样本数据进行有序 Logistic 回归。模型结果见表 3。从整体检验统计量来看，模型拟合结果良好，可以用于分析。

表 2　变量定义与赋值

变 量		赋值定义	均　值	标准差
因变量	兽药使用行为	无负面行为 = 0，低级层次 = 1，中级层次 = 2，高级层次 = 3	1.48	0.75
养殖户的基本特征	性别（X_1）	男 = 1，女 = 0	0.59	0.49
	年龄（X_2）	养殖户实际年龄（岁）	56.15	10.27
	受教育程度（X_3）	小学以上 = 1，小学及以下 = 0	0.59	0.49
	家庭人口数（X_4）	5 人及以上 = 1，5 人以下 = 0	0.51	0.50
	养殖收入所占比重			
	30% ~ 50%（X_5）	是 = 1，否 = 0	0.12	0.32
	51% ~ 80%（X_6）	是 = 1，否 = 0	0.08	0.28
	80% 以上（X_7）	是 = 1，否 = 0	0.04	0.20

续表

变　量		赋值定义	均　值	标准差
养殖户的生产经营特征	养殖年限（X_8）	10 年及以上 = 1，10 年以下 = 0	0.79	0.41
	养殖规模			
	小规模（X_9）	是 = 1，否 = 0	0.21	0.41
	中等规模（X_{10}）	是 = 1，否 = 0	0.16	0.36
养殖户的认知特征	对违禁兽药的认知（X_{11}）	完全不了解 = 1，有些了解 = 2，一般了解 = 3，比较了解 = 4，非常了解 = 5	1.58	1.02
	对兽药残留危害的认知（X_{12}）	完全不了解 = 1，有些了解 = 2，一般了解 = 3，比较了解 = 4，非常了解 = 5	1.92	1.12
	对相关法律法规的认知（X_{13}）	完全不了解 = 1，有些了解 = 2，一般了解 = 3，比较了解 = 4，非常了解 = 5	1.57	0.99
政府监管特征	政府监管（X_{14}）	有 = 1，没有 = 0	0.39	0.48
	宰前检疫力度（X_{15}）	很小 = 1，小 = 2，一般 = 3，大 = 4，很大 = 5	1.77	1.09

表 3　养殖户兽药负面使用行为有序 Logistic 回归结果

变　量	相关系数	标准差	Wald	Sig.
X_1	0.818 **	0.192	18.128	0.000
X_2	0.027 **	0.009	9.280	0.002
X_3	− 0.718 **	0.187	14.794	0.000
X_4	− 0.085	0.168	0.255	0.613
X_5	− 0.292	0.256	1.296	0.255
X_6	0.115	0.348	0.109	0.741
X_7	0.739	0.429	2.969	0.085
X_8	1.043 **	0.220	22.569	0.000
X_9	1.667 **	0.222	56.300	0.000
X_{10}	3.879 **	0.343	127.693	0.000
X_{11}	− 0.330 **	0.096	11.829	0.001
X_{12}	− 0.071	0.087	0.658	0.417

续表

变　量	相关系数	标准差	Wald	Sig.
X_{13}	-0.402**	0.094	18.110	0.000
X_{14}	-0.348*	0.207	2.827	0.043
X_{15}	-0.062	0.093	0.447	0.504
μ_1	-3.630**	0.598	36.879	0.000
μ_2	0.371*	0.426	0.758	0.021
μ_3	3.050**	0.600	25.841	0.000
-2LL	143.925			
χ^2	86.556（p=0.0000<0.0001）			
Pearson	>0.05			
Deviance	>0.05			
Cox & Snell R^2	0.681			
Nagelkerke R^2	0.717			

注：*表示在5%水平上显著，**表示在1%水平上显著。

根据表3的计量结果，可以得出如下主要结论。

第一，在养殖户的基本特征中，性别、年龄对养殖户的兽药负面使用行为有显著的正向影响，而受教育程度对其有显著的负向影响。具体而言，男性比女性更有可能出现兽药负面使用行为；养殖户年龄越大，采用兽药负面使用行为的可能性越高；受教育程度为小学以上的养殖户相对于小学以下的养殖户，选择兽药负面使用行为的可能性较低。本文与陈雨生和房瑞景的研究结论基本一致[10]。可能的原因是，年龄较大、受教育程度较低的养殖户缺乏安全使用兽药的知识，更易发生兽药负面使用行为。而由于心理行为的差异，男性比女性更有可能出现兽药负面使用行为也符合客观实际。

第二，养殖年限对兽药负面使用行为具有正向影响，表明养殖年限越长的养殖户越倾向于采取兽药负面使用行为。这与吴秀敏的研究结论一致[4]。事实上，养殖年限较长的养殖户有着传统的养殖观念，由于其受教育程度普遍较低，接受新生事物的能力比较差，在实际养殖过程中难以改变自身固有的行为。与此同时，本研究还表明，小规模、中等规模的养殖户相对于养殖规模在30头以下的散户更可能采取兽药负面使用行为。这与张跃华等的结论并不一致[11]。可能的原因是，散户对兽药使用的认知度较低，当生猪患病时其主要根据兽医的指导意见使用兽药，而小规模、中等规模的养殖户一般是自行配药，自主决定兽药的使用，更多的负面行为就难以避免。

第三，养殖户对违禁兽药和相关法律法规的认知程度越高，则其采用负面使用行为的可能性越小，但养殖户对兽药残留危害的认知对其负面行为的影响并不显著。如果养殖户因担心法律风险而减少兽药负面使用行为，这属于外部环境约束；如果养殖户因意识到兽药残留对他人的危害而主动减少兽药负面使用行为，这属于养殖户的内部约束与自律。本文的研究表明，养殖户的兽药负面使用行为更多地受到外部环境的约束，内部约束与自律的作用并不充分。因此，如果外部惩罚机制不完善，则养殖户就完全有可能明知故犯，并无视其行为对消费者的健康危害。

第四，如果政府正常监管，则可显著降低养殖户采用兽药负面行为的可能性，但生猪宰前检疫的力度对兽药使用行为的影响并不显著。可能的原因是，当前的检测检疫技术难以有效地检出兽药残留。因此，政府对养殖户兽药使用行为的持续性监管可能更为有效。

表 3 中的数据仅反映了养殖户是否会选择兽药负面使用行为，并不能全面和准确地反映其多种负面行为的组合，也就是负面行为的程度。故在表 3 的基础上，进一步利用临界点和相关估计系数计算养殖户兽药使用行为的边际效应，计算结果如表 4 所示。

表 4　自变量对养殖户兽药使用行为的边际效应（其他条件不变）

变　量	$Y_i = 0$	$Y_i = 1$	$Y_i = 2$	$Y_i = 3$
X_1	− 0.014	− 0.187	0.150	0.052
X_2	− 0.001	− 0.006	0.005	0.001
X_3	0.026	0.131	− 0.134	− 0.023
X_4	0.002	0.018	− 0.017	− 0.004
X_5	0.008	0.060	− 0.057	− 0.011
X_6	− 0.003	− 0.025	0.023	0.005
X_7	− 0.013	− 0.169	0.138	0.045
X_8	− 0.017	− 0.237	0.180	0.073

变 量	$Y_i = 0$	$Y_i = 1$	$Y_i = 2$	$Y_i = 3$
X_9	− 0.021	− 0.356	0.222	0.155
X_{10}	− 0.025	− 0.537	− 0.088	− 0.451
X_{11}	0.010	0.067	− 0.060	− 0.012
X_{12}	0.002	0.015	− 0.014	− 0.003
X_{13}	0.012	0.080	− 0.078	− 0.015
X_{14}	0.010	0.070	− 0.068	− 0.013
X_{15}	0.002	0.014	− 0.012	− 0.003

分析表 4 中变量的边际效应可以发现以下三点。

第一，在其他条件不变的情况下，男性相比女性、小规模养殖户相比散户、养殖年限在 10 年及以上的养殖户相比养殖年限在 10 年以下的养殖户，无兽药负面使用行为与采取低级层次负面使用行为的可能性较低，采取中级层次以及高级层次兽药负面使用行为的可能性较高，其中采取中级层次兽药负面使用行为的可能性最高。

第二，在其他条件不变的情况下，相对于散户，中等规模养殖户无兽药负面使用行为、采取低级层次以及中级层次兽药负面使用行为的可能性较低，但采用高级层次兽药负面使用行为的可能性较高。

第三，在其他条件不变的情况下，受教育程度为小学以上的养殖户、对违禁兽药的认知程度较高的养殖户、感受到政府监管力量的养殖户，其无兽药负面使用行为以及采取低级层次兽药负面使用行为的可能性较高，采取中级层次及高级层次兽药负面使用行为的可能性较低。

由此可见，养殖年限在 10 年及以上、受教育程度较低、对违禁兽药认知程度较低的中小规模男性养殖户在兽药使用过程中，更有可能采取更高层次的负面行为，具有上述特征的生猪养殖户集合应该成为政府监管的主要对象。

四 结论与政策建议

生猪养殖户的兽药使用行为直接影响猪肉的质量安全。本文通过对中国江苏省阜宁县654户生猪养殖户的实证调查，考察了生猪养殖户在养殖环节可能采取的兽药负面使用行为，并运用多元有序Logistic模型研究了养殖户的特征。调查显示，养殖户的兽药负面使用行为相对较为普遍。研究还表明，年龄较大、受教育程度偏低的生猪养殖户是兽药使用负面行为的多发群体，且养殖户对违禁兽药、兽药残留危害等的认知程度普遍较低。这与现有文献的相关研究结论基本一致[12]。规模化是中国生猪养殖的方向，但本文通过比较发现，相比散户，小规模、中等规模的养殖户更倾向于采取兽药负面使用行为，且负面行为的层次较高。

基于上述研究结论，以下建议可供政府生猪养殖监管部门参考。

第一，提高养殖户执行兽药使用相关法律法规的自觉性，提升养殖户对兽药负面使用行为的危害的认知水平，是提高猪肉质量安全水平的基本前提。因此，政府相关部门应大力宣传相关法律法规，努力普及兽药使用的基本知识，增强养殖户的法律意识及安全用药意识，促使其自觉地科学使用兽药。

第二，完善兽药残留检测技术体系，加快制定、推广与完善在养殖环节中使用违禁兽药、超量用药的速测方法，加大对兽药残留的检测力度，这应该成为政府监管部门最大限度地减少兽药负面使用行为与降低负面层次的基本路径。

第三，研究表明，养殖户的兽药负面使用行为更多地受到外部环境的约束，内部约束与自律的作用并不充分。因此，政府监管部门必须严格执法，严厉打击兽药使用的违法行为，重点监管养殖年限在10年及以上、受教育程度较低的中小规模男性养殖户群体，努力改变目前养殖户"守法成本高于违法成本"的格局。与此同时，应健全畜禽产品监管检测等公共社会化服务体系，严格把控屠宰场尤其是私人屠宰场的生猪宰前检测检疫，督促养殖户做好宰前检疫记录，防止问题猪肉流入市场。

参考文献

［1］王瑜：《养猪户的药物添加剂使用行为及其影响因素分析——基于江苏省542户农户的调查数据》，《农业技术经济》2009年第5期，第46~55页。

［2］ Ungemach, F. R., Müller – Bahrdt, D., Abraham, G., "Guidelines for Prudent Use of Antimicrobials and Their Implications on Antibiotic Usage in Veterinary Medicine," *International Journal of Medical Microbiology*, 2006, 296：33 – 38.

［3］ Young, I., Hendrick, S., Parker, S., Rajič, A., McClure, J. T., Sanchez, J., McEwen, S. A., "Knowledge and Attitudes towards Food Safety among Canadian Dairy Producers," *Preventive Veterinary Medicine*, 2010, 94（1）：65 – 76.

［4］ 吴秀敏：《养猪户采用安全兽药的意愿及其影响因素——基于四川省养猪户的实证分析》,《中国农村经济》2007 年第 9 期, 第 17～24 页。

［5］ 孙世民、张媛媛、张健如：《基于 Logit—ISM 模型的养猪场（户）良好质量安全行为实施意愿影响因素的实证分析》,《中国农村经济》2012 年第 10 期, 第 24～36 页。

［6］ 吴学兵、乔娟：《养殖场（户）生猪质量安全控制行为分析》,《华南农业大学学报》(社会科学版) 2014 年第 1 期, 第 20～27 页。

［7］ Garforth, C. J., Bailey, A. P., Tranter, R. B., "Farmers' Attitudes to Disease Risk Management in England：A Comparative Analysis of Sheep and Pig Farmers," *Preventive Veterinary Medicine*, 2013, 110（3）：456 – 466.

［8］ 王海利、贾萌、胡军：《生猪宰前检疫与管理是提高肉品质量的关键》,《中国猪业》2010 年第 2 期, 第 65～66 页。

［9］ 王海涛、王凯：《养猪户安全生产决策行为影响因素分析——基于多群组结构方程模型的实证研究》,《中国农村经济》2012 年第 11 期, 第 21～30 页。

［10］ 陈雨生、房瑞景：《海水养殖户渔药施用行为影响因素的实证分析》,《中国农村经济》2011 年第 8 期, 第 72～80 页。

［11］ 张跃华、戴鸿浩、吴敏谨：《基于生猪养殖户生物安全的风险管理研究——以浙江省德清县 471 个农户问卷调查为例》,《中国畜牧杂志》2010 年第 12 期, 第 32～34 页。

［12］ Marvin, D. M., Dewey, C. E., Rajić, A., "Knowledge of Zoonoses among those Affiliated with the Ontario Swine Industry：A Questionnaire Administered to Selected Producers, Allied Personnel, and Veterinarians," *Foodborne Pathogens and Disease*, 2010, 7（2）：159 – 166.

中国主要农作物生产的区域比较优势与
结构调整分析[*]

林大燕　朱　珏[**]

摘　要：由于资源禀赋、技术条件等差异，各地区农作物生产的比较优势可能存在较大差异。本文通过效率优势指数、规模优势指数及综合优势指数系统测算了中国 31 个省份主要粮食作物、油料作物、纤维作物以及糖料作物的区域比较优势，结合各地区的后备耕地资源数量，为主要农作物的生产区域结构调整提出了建议。

关键词：主要农作物　区域比较优势　后备耕地资源　生产结构调整

一　引言

自 20 世纪 90 年代以来，尽管我国农业的综合生产力不断提高，大部分农产品的产量持续提高，但随着人口增长、经济增长和消费结构的升级[1]，主要农产品的消费需求全面上扬，受制于水土资源的约束[2]，大部分主要农产品的国内产需缺口扩大[3]，自给水平降低，竞争力逐年下降，呈现明显的比较劣势。

改革开放以来我国进行了几次较大规模的农业结构调整，在很大程度上优化了农业产业结构，但由于农民生产规模较小，专业化程度和组织协调程度不高，各地农业生产还带有较大的盲目性和自给自足性，我国农业

* 南京理工大学科研启动项目"来源布局、进口稳定性与国际大豆资源利用研究"。

** 林大燕（1986～），女，福建泉州人，博士，南京理工大学经济管理学院讲师；朱珏（1990～）女，浙江人，南京农业大学经济管理学院硕士研究生。

结构调整仍然存在很大的余地。加入 WTO 后我国农业面临巨大的国际竞争压力，需要加大农业区域结构调整的力度和幅度。除了利用国外市场来弥补国内需求不足外，还需要进行农作物生产结构的进一步调整，使其充分发挥各生产区域的比较优势，以保障国内农产品的总供应。

我国疆域辽阔，各地的气候、地形和土壤等自然条件千差万别。由于自然资源禀赋的差异以及经济、社会、文化等方面的差别，各地区在农业生产中形成了不同的种植制度和技术，农作物生产存在较大差异。因此，即使某一作物在全国不具有比较优势，也可能在某些地区存在比较优势。同时，不同地区的后备耕地资源不同，其根据比较优势进行结构调整的空间也存在差别。可见，全国层面的比较优势，或者各地区相对于国际市场的比较优势，都不能全面反映一国各地区农作物生产的相对比较优势，若据此进行结构调整可能导致各地区趋同，无法真正提高资源配置效率。因此，比较和分析在资源约束下各地区比较优势的差异，将有助于我们正确认识各地区农业生产的比较优势，通过适当的政策，将资源从相对不具备优势的农产品生产区域转向其他相对具有比较优势的区域，实现农业生产的专业化以获取规模经济和比较利益。

目前国内对生产结构调整的研究主要集中在对中国农村经济结构演变的背景、动因和特征的分析，及其对农业发展、农民收入和经济增长的影响，少量结合比较优势对农业种植结构调整进行研究的文献则专注于全国层面[4~5]或中东西部层面[6~7]，在对区域比较优势进行测定与分析的文章则局限于某个省份内部[8]，而且均未结合资源约束进行分析。本文将在前人研究的基础上，把对我国农作物生产区域比较优势的定量分析与农作物地区生产结构的调整有机结合起来，剖析我国主要农产品在各地区的比较优势，结合各省的后备耕地资源开发潜力，分析我国各地区农产品生产结构调整的空间，为我国主要农产品生产的地区生产结构调整提供科学的理论和客观依据。

二　农产品区域比较优势的分析方法

农业生产层面潜在比较优势的测定方法应用得较为广泛的是国内资源成本法和综合比较优势指标法。由于在测定分省市区的国内资源成本系数

DRCC 值时，大部分宏观经济参数使用的是全国平均数据或综合数据，在一定程度上缩小了地区之间的差异[9]。综合优势指数从相对生产效率和由市场、技术、种植制度及气候、地理区位等综合因素决定的规模优势两方面综合衡量特定地区农产品生产的相对比较优势，更适于比较一国范围内各地区之间的比较优势。

农作物区域的比较优势是农业自然资源禀赋、社会经济及区位条件、科学技术、种植制度以及市场需求等因素综合作用的结果。其中，一个地区的自然资源禀赋，以及各种物质投入水平和科技进步等因素主要体现为当地农作物的单产水平；而劳动与物质可投入能力、市场需求、种植制度、政策支持等因素则综合体现为种植规模。因此，农作物单产和种植规模可作为农作物区域比较优势指标测定的关键因子，本文通过建立三个比较优势测定指标——效率优势指数、规模优势指数和综合优势指数来测算农作物的区域比较优势。

（一） 效率优势指数

效率优势指数（Efficiency Advantage Indices，EAI）主要从资源内涵生产力的角度反映农作物的比较优势，计算公式为：

$$EAI_{ij} = \frac{AP_{ij}/AP_i}{AP_j/AP} \tag{1}$$

在式（1）中，EAI_{ij} 为 i 区 j 种农作物的效率优势指数；AP_{ij} 为 i 区 j 种农作物的单产水平；AP_i 为 i 区全部农作物的平均单产水平；AP_j 为全国 j 种农作物的平均单产水平；AP 为全国全部农作物的平均单产水平。$EAI_{ij} > 1$，表明与全国平均水平相比，i 区 j 种农作物的生产具有效率优势；$EAI_{ij} < 1$，表明 i 区 j 种农作物的生产效率与全国平均水平相比处于劣势。EAI_{ij} 值越大，生产效率优势越明显。在一般情况下，生产规模越小，其单产水平越高，效率优势指数也就越高[10]。

（二） 规模优势指数

规模优势指数（Scale Advantage Indices，SAI）反映一个地区某一农作物生产的规模化和专业化程度，它是市场需求、资源禀赋、种植制度等因素相互作用的结果。一般而言，在较长时期有相当大的规模就意味着有市场需求，进一步意味着有经济效益，因此，规模优势指数在一定程度上可以反映农作物生产的比较优势状况。规模优势指数的计算公式如下：

$$SAI_{ij} = \frac{GS_{ij}/GS_i}{GS_j/GS} \tag{2}$$

其中，SAI_{ij} 为规模优势指数，GS_{ij} 为 i 区 j 种农作物的播种面积；GS_i 为 i 区所有农作物的播种总面积；GS_j 为全国 j 种农作物的播种面积；GS 为全国所有农作物的播种总面积。$SAI_{ij} > 1$，表明与全国平均水平相比，i 区 j 种农作物的生产具有规模优势；$SAI_{ij} < 1$，表明 i 区 j 种农作物的生产处于劣势。SAI_{ij} 值越小，劣势越显著。

（三）综合优势指数

综合优势指数（Aggregated Advantage Indices，AAI）是效率优势指数与规模优势指数的综合结果，能够更为全面地反映一个地区某种农作物生产的优势度。由于资源因素和市场区位因素在区域农业比较优势形成过程中的重要性旗鼓相当，二者之间的相互制约关系极为显著，只要其中一方降低就会对整体水平产生很大影响。如果只有单方面的比较优势而不存在另一方面的比较优势，综合比较优势就会消失。因此，需要取效率优势指数与规模优势指数的几何平均数来反映区域综合比较优势。综合优势指数的计算公式如下：

$$AAI_{ij} = \sqrt{EAI_{ij} \times SAI_{ij}} \tag{3}$$

$AAI_{ij} > 1$，表明与全国平均水平相比，i 区 j 种农作物的生产具有比较优势；$AAI_{ij} < 1$，表明 i 区 j 种农作物的生产与全国平均水平相比无优势可言。AAI_{ij} 值越大，优势越明显。

三　主要农作物区域比较优势评价结果

（一）主要粮食作物的区域比较优势

1. 稻谷

从各地稻谷生产的相对效率和相对规模反映的综合优势来看，在稻谷生产上具有综合优势的省份有上海、江苏、浙江、安徽、福建、江西、湖北、湖南、广东、广西、海南、四川、贵州、云南、重庆 15 个，其中仅有四川和重庆兼具生产效率优势和规模优势（见表 1），反映出这两个省份在稻谷生产上具有优越条件和良好优势。此外，通过综合优势可以发现，尽管河北、内蒙古、黑龙江、新疆、西藏、陕西、甘肃、宁夏在稻谷生产上不具综合优势，但其生产效率优势都十分明显，其综合优势较差的原因主要在于规模优势微弱。

2. 小麦

综合优势指数的分析结果表明中国小麦生产的比较优势在不断下降。在小麦生产省份中，西藏、青海、河南、河北、安徽、陕西、甘肃与国内其他省份相比，都具有比较明显的生产效率优势。从 2010 年的比较优势排名看，北京、天津、河北、江苏、安徽、山东、河南、西藏、陕西、甘肃、青海和新疆具有生产的综合比较优势。其中，北京、江苏、山东和新疆的小麦播种面积相对其他具有综合比较优势的区域而言并不大。在可能的情况下，这些省份的小麦生产规模应该扩大。

3. 玉米

从综合优势指数的测定结果来看，北京、天津、河北、山西、内蒙古、辽宁、吉林、黑龙江、山东、贵州、云南、陕西、甘肃、青海、宁夏以及新疆都具有综合比较优势。上海、江苏、浙江、安徽、福建、江西、湖北、湖南、广东、广西、海南、四川、贵州、西藏、甘肃、青海、宁夏、重庆相对其他区域生产规模较小。同时，北京、天津、河北、辽宁、吉林、山东、河南、新疆虽然具有生产规模优势，但效率优势远远低于全国平均水平。

4. 大豆

如表 1 所示，内蒙古、吉林、黑龙江、安徽、陕西在大豆生产上具有

表 1　中国主要粮食作物比较优势地区差异

| 省　份 | 稻　谷 | | | 小　麦 | | | 玉　米 | | | 大　豆 | | |
	排名	EAI	SAI	AAI	排名	EAI	SAI	AAI	排名	EAI	SAI	AAI	排名	EAI	SAI	AAI
全国平均		1.00	1.00	1.00		1.00	1.00	1.00		1.00	1.00	1.00		1.00	1.00	1.00
北　京	29	0.87	0	0.07	12	0.87	1.18	1.01	5	0.93	2.06	1.38	25	0.85	0.37	0.56
天　津	22	0.97	0.19	0.43	10	0.91	1.63	1.22	7	0.90	1.78	1.27	21	0.67	0.58	0.63

续表

省份	稻谷				小麦				玉米				大豆			
	排名	EAI	SAI	AAI	排名	EAI	SAI	AAI	排名	EAI	SAI	AAI	排名	EAI	SAI	AAI
河　北	27	1.06	0.05	0.22	6	1.09	1.73	1.37	9	0.94	1.58	1.22	23	1.08	0.3	0.57
山　西	30	0.99	0	0.03	13	0.98	0.99	0.99	2	1.33	1.67	1.49	17	0.65	0.78	0.71
内蒙古	24	1.7	0.06	0.32	18	0.84	0.47	0.63	1	1.48	1.59	1.53	2	1.27	1.91	1.56
辽　宁	17	0.91	0.78	0.85	25	0.92	0.01	0.1	4	0.89	2.2	1.40	10	1.38	0.5	0.83
吉　林	19	1.0	0.55	0.74	28	0.57	0	0.04	3	0.93	2.29	1.46	5	1.00	1.08	1.04
黑龙江	16	1.1	0.89	0.99	23	0.75	0.12	0.3	10	1.06	1.31	1.18	1	1.01	10.07	3.19
上　海	7	0.92	2.23	1.43	15	0.59	1.51	0.95	29	0.88	0.08	0.26	24	1.06	0.3	0.57
江　苏	10	0.97	1.56	1.23	11	0.79	1.81	1.20	24	0.78	0.26	0.45	12	1.16	0.55	0.8
浙　江	15	0.9	1.2	1.04	20	0.66	0.26	0.41	30	0.68	0.08	0.23	13	1.17	0.53	0.79
安　徽	14	0.94	1.25	1.08	7	1.08	1.63	1.33	22	0.76	0.41	0.55	3	0.72	1.83	1.15
福　建	2	0.95	2.55	1.56	26	0.63	0.01	0.08	28	0.73	0.11	0.29	6	1.40	0.64	0.95
江　西	1	0.75	3.35	1.59	27	0.38	0.01	0.07	31	0.75	0.02	0.13	22	1.03	0.35	0.6
山　东	25	0.99	0.07	0.26	5	0.96	2.3	1.48	12	0.94	1.39	1.14	26	1.09	0.29	0.56
河　南	20	0.97	0.24	0.48	3	1.04	2.47	1.60	17	0.86	0.94	0.94	16	0.91	0.6	0.74
湖　北	8	0.99	1.84	1.35	17	0.62	1.13	0.83	21	0.77	0.44	0.58	20	1.21	0.33	0.63
湖　南	4	0.77	3.08	1.54	13	0.43	0.04	0.13	25	0.86	0.22	0.44	27	1.13	0.24	0.52
广　东	5	0.84	2.84	1.54	29	0.6	0	0.03	27	0.82	0.22	0.43	18	1.32	0.32	0.65
广　西	6	0.85	2.52	1.46	30	0.3	0	0.03	20	0.74	0.61	0.67	19	0.9	0.46	0.64
海　南	3	0.88	2.73	1.55	31	0	0	0	26	1.07	0.18	0.43	28	1.86	0.09	0.41
四　川	11	1.30	1.15	1.22	16	0.95	0.89	0.92	19	1.12	0.70	0.88	11	1.49	0.45	0.82
贵　州	12	1.51	0.84	1.13	22	0.31	0.38	0.34	14	1.51	0.85	1.13	14	1.06	0.56	0.77
云　南	13	1.38	0.88	1.10	21	0.34	0.46	0.4	13	1.19	1.08	1.13	9	1.79	0.39	0.83
西　藏	26	2.58	0.02	0.23	1	3.87	1	1.97	23	3.36	0.08	0.52	30	5.66	0.01	0.23
陕　西	21	1.39	0.14	0.44	8	1.01	1.63	1.28	11	1.13	1.22	1.17	4	1.72	0.73	1.12
甘　肃	28	2.09	0.01	0.13	9	1.16	1.39	1.27	6	1.66	0.98	1.28	7	1.92	0.42	0.89
青　海	31	0	0	0	2	2.04	1.55	1.78	16	4.18	0.24	1.01	31	0	0	0
宁　夏	18	1.62	0.36	0.77	14	0.88	1.08	0.98	8	1.71	0.9	1.24	29	0.42	0.25	0.32
新　疆	23	1.11	0.12	0.37	4	0.97	2.41	1.53	15	0.98	1.18	1.07	15	1.18	0.47	0.75
重　庆	9	1.43	1.12	1.26	19	0.79	0.28	0.47	18	1.23	0.68	0.92	8	1.38	0.52	0.85

资料来源：根据 2010 年《中国农业年鉴》资料计算。

综合比较优势。河北、辽宁、上海、江苏、浙江、福建、江西、山东、湖北、湖南、广东、海南、四川、贵州、云南、西藏、甘肃、新疆以及重庆虽然具有效率优势但不具有规模优势。

（二）主要油料作物的区域比较优势

1. 油菜籽

效率优势和规模优势的综合结果显示，与全国平均水平相比，江苏、浙江、安徽、江西、湖北、湖南、四川、贵州、云南、西藏、陕西、甘肃、青海以及重庆具有综合比较优势。同时，从效率优势指数和规模优势指数可以看出，除云南和甘肃外，这些省份同时具有效率优势与规模优势（见表2）。可见，目前我国油菜籽的生产布局较为合理。此外，山西、黑龙江、上海、宁夏及新疆的生产效率优于全国平均水平，但不具有规模优势。

表 2 中国主要油料作物比较优势地区差异

省 份	油菜籽				花 生			
	排 名	EAI	SAI	AAI	排 名	EAI	SAI	AAI
全国平均		1.00	1.00	1.00		1.00	1.00	1.00
北 京	—	0.00	0.00	—	18	0.71	0.52	0.61
天 津	—	—	0.00	—	24	0.82	0.11	0.30
河 北	23	0.60	0.05	0.17	7	0.78	1.45	1.06
山 西	21	1.07	0.03	0.19	23	1.34	0.08	0.33
内蒙古	17	0.77	0.68	0.72	27	0.63	0.09	0.24
辽 宁	—	0.89	0.00	—	1	0.69	3.22	1.49
吉 林	—	—	0.00	—	14	0.73	0.80	0.77
黑龙江	—	2.15	0.00	—	25	1.11	0.06	0.27
上 海	16	1.29	0.42	0.74	26	0.83	0.07	0.24
江 苏	11	1.19	1.27	1.23	16	0.96	0.46	0.67
浙 江	8	1.26	1.54	1.39	20	0.94	0.27	0.51
安 徽	10	1.03	1.57	1.27	11	1.25	0.74	0.96
福 建	20	0.73	0.11	0.28	8	0.72	1.54	1.05

续表

省 份	油菜籽				花 生			
	排名	EAI	SAI	AAI	排名	EAI	SAI	AAI
江 西	7	1.03	2.18	1.50	5	1.22	1.02	1.11
山 东	25	0.78	0.02	0.12	4	0.68	2.60	1.33
河 南	18	0.78	0.59	0.68	2	0.86	2.51	1.47
湖 北	3	1.18	3.15	1.93	10	1.14	0.85	0.99
湖 南	2	1.23	3.07	1.94	15	1.10	0.50	0.74
广 东	24	0.58	0.03	0.14	3	0.69	2.59	1.34
广 西	22	0.55	0.06	0.18	12	0.73	1.06	0.88
海 南	—	—	0.00	—	6	0.70	1.63	1.07
四 川	4	1.29	2.23	1.69	13	0.73	0.96	0.84
贵 州	6	1.30	2.15	1.67	21	0.72	0.27	0.45
云 南	14	1.40	0.90	1.12	22	0.56	0.26	0.38
西 藏	5	1.31	2.19	1.69	30	0.62	0.01	0.10
陕 西	12	1.26	1.07	1.16	19	1.01	0.27	0.52
甘 肃	13	1.30	1.00	1.14	29	1.02	0.01	0.10
青 海	1	1.32	6.60	2.95	—	—	—	—
宁 夏	26	1.35	0.01	0.10	—	—	—	—
新 疆	19	1.22	0.29	0.59	28	1.02	0.03	0.16
重 庆	9	1.29	1.27	1.28	17	0.76	0.52	0.63

资料来源：根据 2010 年《中国农业年鉴》资料计算。

2. 花生

从综合比较优势来看，我国大多数省份与全国平均水平相比处于劣势，仅有河北、辽宁、福建、江西、山东、河南、广东、海南尚存一定优势。其中，河北、辽宁、福建、山东、河南、广东、海南只具有规模优势，而生产效率低于全国平均水平（见表2）。因此，未来在适当的条件下可考虑缩减这些省市的花生生产规模。此外，山西、黑龙江、安徽、湖北、湖南、陕西、甘肃和新疆具有效率优势而不具有规模优势。

（三）棉花及主要糖料作物的区域比较优势

1. 棉花

综合国内生产效率优势和规模优势分析，天津、河北、安徽、山东、湖北以及新疆具有综合比较优势。其中，天津、河北、安徽、山东、湖北仅具有规模优势而不具备效率优势（见表 3）。因此，未来在适宜的情况下，应适当缩小这些省份的生产规模。同时，内蒙古、辽宁、吉林、上海、浙江、江西、云南、陕西、甘肃具有的生产效率均高于全国平均水平，但生产面积相对较少。

表 3　中国棉花及糖料作物比较优势地区差异

省　份	棉　花				甘　蔗				甜　菜			
	排名	EAI	SAI	AAI	排名	EAI	SAI	AAI	排名	EAI	SAI	AAI
全国平均		1.00	1.00	1.00		1.00	1.00	1.00		1.00	1.00	1.00
北　京	18	0.89	0.05	0.20	—	—	0	—		—	0.00	—
天　津	2	0.92	4.13	1.95	—	—	0	—		1.36	1.02	1.18
河　北	3	0.79	2.32	1.35	—	—	0	—	6	—	1.06	
山　西	13	0.91	0.45	0.64	—	—	0	—	5	1.36	3.95	2.31
内蒙古	21	1.11	0.01	0.09	—	—	0	—	4	1.36	0.30	0.64
辽　宁	23	1.39	0.00	0.07	—	—	0	—	9	1.36	0.69	0.97
吉　林	17	1.39	0.04	0.24	—	—	0	—	7	1.36	4.81	2.55
黑龙江	—	0.00			—	—	0	—	3	—	0.00	—
上　海	16	1.48	0.20	0.54	—	0.65	0.25	0.4		0.93	0.03	0.17
江　苏	8	0.79	1.01	0.89	—	0.88	0.05	0.21		—	0.00	—
浙　江	15	1.14	0.28	0.57	—	0.9	0.33	0.54		—	0.01	
安　徽	6	0.82	1.25	1.02	—	0.76	0.07	0.24		—	0.00	—
福　建	25	0.53	0.00	0.03	8	0.97	1.43	1.18		—	0.00	—
江　西	11	1.33	0.48	0.80	4	1.1	0.77	0.93		0.22	0.05	0.10
山　东	4	0.80	2.23	1.33	—	—	0	—	10	—	0.00	—
河　南	10	0.74	0.90	0.81	—	0.89	0.04	0.18		—	0.00	—
湖　北	5	0.82	1.97	1.27	—	0.86	0.28	0.49		—	0.00	—
湖　南	9	0.90	0.74	0.82	1	1.04	0.45	0.69		—	0.00	—

续表

省 份	棉 花				甘 蔗				甜 菜			
	排名	EAI	SAI	AAI	排名	EAI	SAI	AAI	排名	EAI	SAI	AAI
广 东		—	0.00		6	0.74	5.11	1.95		—	0.00	—
广 西	20	0.74	0.01	0.10	7	0.64	10.63	2.60		—	0.00	—
海 南		—	0.00		5	0.63	9.59	2.46		1.36	0.01	0.05
四 川	19	0.70	0.05	0.19	3	1.02	0.35	0.59	13	0.21	0.01	0.05
贵 州	22	0.49	0.01	0.07	—	0.97	0.29	0.53	13	0.51	0.01	0.08
云 南	24	1.26	0.00	0.04	2	0.99	5.57	2.35	12	—	0.00	—
西 藏		—	0.00		—	—	0	—		0.95	0.11	0.33
陕 西	14	1.03	0.39	0.63		0.46	0.01	0.08	11	2.91	0.85	0.85
甘 肃	12	1.21	0.38	0.68		—	0	—	8	—	0.00	—
青 海		—	0.00			—	0	—		2.04	3.52	2.68
宁 夏		—	0.00			—	0	—	2	2.12	7.66	10.84
新 疆	1	1.35	10.59	3.78		—	0	—	1	—	0.00	—
重 庆	26	0.49	0.00	0.03		0.95	0.07	0.26		—	0.00	—

资料来源：根据 2010 年《中国农业年鉴》资料计算。

2. 甘蔗

结合效率优势指数和规模优势指数，在我国甘蔗主要生产省份中，福建、广东、广西、海南、云南与全国平均水平相比具有比较明显的综合优势，但这些区域的综合优势主要得益于规模优势而非效率优势（见表3），未来在适当条件下可适当减少这些省份甘蔗的生产。同时，江西、湖南、四川三个省份的生产规模虽然不大，但其生产效率高于全国平均水平。

3. 甜菜

在甜菜的主要生产省份中，天津、山西、吉林、青海和宁夏在同时具有生产效率优势和生产规模优势（见表3）。可见，我国甜菜的生产布局较为合理。

四　主要农作物生产区域布局协调与平衡

（一）各地区耕地资源开发潜力分析

从国内生产情况来看，在现有耕地资源有限的前提下，未来农作物生产比较优势的发挥离不开对后备耕地资源的开放与利用。从我国各省份后备耕地资源的面积来看（见表4），中国可供开发的后备耕地资源（即未利用土地中的荒草地、沼泽地、盐碱地和水域中的滩涂）的面积为7075.8万亩，其中荒草地面积最大，共有4925.3万亩，占总后备耕地资源面积的69.6%，其次是盐碱地，共有1016.8万亩，占14.4%，沼泽地和滩涂则分别只占6.1%和9.9%。

表4　中国各省份后备耕地资源面积

单位：万亩

省　份	后备耕地资源面积合计	荒草地面积	盐碱地面积	沼泽地面积	滩涂面积
全　国	7075.8	4925.3	1016.8	430.3	703.4
北　京	14.5	12.8	0.0	0.0	1.5
天　津	9.4	4.3	0.9	0.0	4.2
河　北	297.2	251.1	13.2	1.4	31.7
山　西	289.4	264.8	5.7	0.4	18.6
内蒙古	266.9	71.5	27.9	132.8	34.8
辽　宁	168.6	111.8	1.9	1.9	53.0
吉　林	115.2	43.7	39.1	14.5	17.9
黑龙江	494.0	222.1	1.7	196.8	73.2
上　海	7.7	0.1	0.0	0.0	7.6
江　苏	70.8	5.1	1.7	0.2	63.8
浙　江	62.5	34.1	0.7	0.0	27.7
安　徽	37.3	21.5	0.1	0.2	15.6
福　建	78.6	54.3	0.0	0.0	24.2
江　西	87.2	67.1	0.0	0.4	19.8
山　东	114.2	59.4	24.0	0.1	30.8
河　南	122.3	87.9	0.5	0.7	33.2
湖　北	160.2	131.1	0.0	0.4	28.8
湖　南	78.9	60.3	0.0	0.5	18.2
广　东	86.8	57.4	0.4	0.2	28.8
广　西	245.4	230.2	0.3	0.1	14.8
海　南	39.8	25.1	0.0	0.1	14.4
重　庆	36.8	34.2	0.0	0.0	2.6

省　份	后备耕地资源面积合计	荒草地面积	盐碱地面积	沼泽地面积	滩涂面积
四　川	91.5	73.4	0.0	7.7	10.5
贵　州	56.7	55.2	0.0	0.0	1.4
云　南	458.8	453.2	0.0	0.3	5.2
西　藏	1190.8	1102.0	54.7	6.4	27.7
陕　西	85.4	74.7	3.0	0.1	7.6
甘　肃	237.5	177.7	41.0	3.7	15.1
青　海	571.1	108.2	391.3	28.7	42.8
宁　夏	17.9	7.5	7.0	0.4	2.9
新　疆	1482.4	1023.5	401.7	32.3	25.0

注：虽然目前全国第二次农业普查已经完成，但还未公布较为详细的后备耕地资源数据，所以本文只能采用 1996 年第一次农业普查的数据。

具体到各个省份，后备耕地资源面积最大的是新疆，其次是西藏，其后备耕地资源面积均在 1000 万亩以上，尤其是新疆达到 1482.4 万亩。接下来是青海、黑龙江和云南，其后备耕地资源面积均在 500 万亩左右，其中黑龙江甚至是整个东北地区的农产品增产潜力非常巨大。此外，后备耕地资源面积在 300 万亩左右的省份有河北、山西、内蒙古。其他地区，如吉林、辽宁、山东、河南、湖北的后备耕地资源面积均为 100 万 ~200 万亩。江苏、安徽等省份的后备耕地资源面积均在 100 万亩以下（见表 4）。

（二）主要农作物生产区域结构调整选择

我国主要农作物的结构调整应坚持以充分发挥比较优势为原则，在保证现有耕地面积的基础上，尽可能地利用各地区的后备耕地资源，保证各地区主要农产品生产的合理性和资源优化。通过适当的制度安排，引导各地区按照比较优势的原理进行农业生产结构的调整，实现农业生产的合理布局和专业化生产，充分发挥农业生产的比较优势，并进一步以地区性和多元化的形式参与农产品国际市场的分工，获取分工和专业化的利益。

1. 粮食作物

（1）稻谷。根据前文分析，在稻谷种植区域中，上海、江苏、浙江、安徽、福建、江西、湖北、湖南、广东、广西、海南、四川、贵州、云南、重庆具有综合比较优势，但其中仅有云南、湖北和广西具有较多的后备耕地资源，因此未来应该以云南、湖北、广西作为发展重点，其他 12 个省份可适当扩大种植规模。同时，河北、内蒙古、黑龙江、西藏、陕西、甘肃、宁夏、新疆具有效率优势而不具有规模优势，但黑龙江、西藏、甘肃、新疆仍具有较多的后备耕地资源，因此未来在适宜的条件下，可适当扩大这些省份的稻谷生产规模。

（2）小麦。在小麦种植区域中，北京、天津、河北、江苏、安徽、山东、河南、西藏、陕西、甘肃、青海和新疆的综合比较优势较为明显，但北京、天津、江苏、安徽、陕西的后备耕地资源不足，可以将河北、山东、河南、西藏、甘肃、青海、新疆作为未来发展的重点。上海、湖北、宁夏仅有规模优势，不具有效率优势，其中仅有湖北具有较为充足的后备耕地，未来上海和宁夏的小麦生产规模应该适当缩减。

（3）玉米。从玉米的种植情况看，北京、天津、河北、山西、内蒙古、辽宁、吉林、黑龙江、山东、贵州、云南、陕西、甘肃、青海、宁夏以及新疆具有综合比较优势，其中北京、天津、贵州、陕西、宁夏的后备耕地资源有限，应该将河北、山西、内蒙古、辽宁、吉林、黑龙江、山东、甘肃、青海、新疆作为未来发展的重点。同时，由于西藏具有丰富的后备耕地资源，未来西藏可适当增加玉米的生产。河南虽然种植规模较大且具有较为丰富的后备耕地资源，但其单产水平相对较低，未来河南不适宜扩大玉米生产规模。

（4）大豆。内蒙古、吉林、黑龙江、安徽、陕西在大豆生产上具有显著的综合比较优势，但安徽和陕西的后备耕地资源有限，内蒙古、吉林、黑龙江是未来发展的重点。河北、辽宁、上海、江苏、浙江、福建、江西、山东、湖北、湖南、广东、海南、四川、贵州、云南、西藏、甘肃、新疆、重庆的单产水平相对较高，且河北、辽宁、山东、湖北、云南、西藏、甘肃以及新疆具有充裕的后备耕地资源，未来可以适当扩大这些省份的大豆生产面积。

2. 油料作物

（1）油菜籽。效率优势和规模优势的综合结果显示，与全国平均水平相比，江苏、浙江、安徽、江西、湖北、湖南、四川、贵州、云南、西藏、陕西、甘肃、青海以及重庆具有综合比较优势，但其中仅有湖北、云南、西藏、甘肃、青海具有较为充裕的后备耕地资源，因此这5个省份才是未来油菜籽发展的重点。此外，山西、黑龙江、上海、宁夏的生产效率优于全国平均水平，但不具有较为丰富的后备耕地且不具有规模优势，未来我国可以适当扩大这些产区油菜籽的生产面积。

（2）花生。从综合比较优势看，我国大多数省份与全国平均水平相比处于劣势，仅有河北、辽宁、福建、江西、山东、河南、广东、海南尚存一定优势。其中，河北、辽宁、山东、河南尚有较为丰富的后备耕地资源，因此，未来可考虑将这些省份作为花生发展的重点。此外，山西、黑龙江、甘肃、新疆具有效率优势而不具有规模优势，且有较为丰裕的后备耕地资源，未来在条件允许的情况下可适当扩大这些省份的花生生产规模。

3. 棉花和糖料作物

（1）棉花。天津、河北、安徽、山东、湖北以及新疆的综合比较优势较强，但天津和安徽未来耕地面积增长潜力有限，应将河北、山东、湖北和新疆作为未来棉花生产的重点区域。内蒙古、辽宁、吉林、云南以及甘肃的棉花单产水平较高且具有较为丰富的后备耕地资源，但种植面积较少，未来可适当扩大棉花生产规模。

（2）甘蔗。福建、广东、广西、海南、云南5个省份的甘蔗生产表现出较强的综合比较优势，但福建、广东以及海南的未来耕地开发潜力不大，因此，应该将广西和云南作为未来甘蔗生产的重点区域。虽然江西、湖南、四川的甘蔗单产水平高于全国平均水平，但由于这些区域的后备耕地资源不足，未来仍然不适合扩大甘蔗生产规模。

（3）甜菜。天津、山西、吉林、青海和宁夏是全国综合比较优势最为明显的地区，但天津、宁夏的后备耕地资源有限，不适合扩大甜菜生产。因此，吉林、山西和青海是未来甜菜发展的重点区域。

五 结论和建议

本文通过效率优势指数、规模优势指数及综合优势指数系统测算了我国稻谷、小麦、玉米、大豆、油菜籽、花生、棉花、甘蔗及甜菜9种主要农作物的区域比较优势，并结合各省份的后备耕地资源数量，为主要农作物生产区域的结构调整提出了方向性的建议。本文的研究结果表明，由于地区之间在资源禀赋、经济基础和技术条件等方面存在巨大差异，我国各省份农业生产的比较优势确实存在较大的差异。各省份在调整生产结构时应当综合考察本省份在各种产品生产上的相对比较优势，充分利用当地的后备耕地资源，全面衡量扩大和压缩各种农产品生产规模的利弊，引导各地区按照比较优势原理对农业生产结构进行调整。

根据本文的研究结果，由于综合比较优势突出且后备耕地资源丰富，就粮食作物而言，云南、湖北、广西可重点发展稻谷，河北、山东、河南、西藏、甘肃、青海、新疆可重点发展小麦，河北、山西、内蒙古、辽宁、吉林、黑龙江、山东、甘肃、青海、新疆可重点发展玉米，内蒙古、吉林、黑龙江可重点发展大豆；就油料作物而言，湖北、云南、西藏、甘肃、青海可重点发展油菜籽，河北、辽宁、山东、河南可重点发展花生；就棉花和糖料作物而言，河北、山东、湖北和新疆可重点发展棉花，广西和云南可重点发展甘蔗，吉林、山西和青海可重点发展甜菜。

同时，虽然不具有规模优势，但由于具有效率优势且具有较为丰富的后备耕地资源，在粮食作物中，未来黑龙江、西藏、甘肃、新疆可适当扩大稻谷的生产规模，西藏可适当扩大玉米的生产规模，河北、辽宁、山东、湖北、云南、西藏、甘肃以及新疆可适当扩大大豆的生产规模；在油料作物中，山西、黑龙江及新疆可以适当扩大油菜籽的生产面积，山西、黑龙江、甘肃、新疆可适当扩大花生的生产规模。此外，未来内蒙古、辽宁、吉林、云南以及甘肃可适当扩大棉花的生产规模。而由于生产效率低于全国平均水平，且后备耕地资源较为有限，上海、宁夏应该适当缩减小麦的生产规模。本文的研究结论与牛乔丽等学者得出的结论存在一定差异，主要原因除了研究时间不一致外，更多的在于本文考虑了后备资源对结构调整的约束[11~15]。

值得注意的是，比较优势并不是静止不变的，当形成比较优势的诸多因素如生产成本、需求偏好、技术水平、规模经济等发生变化时，比较优势将随之而变，因此，农作物生产的结构调整需要根据比较优势的动态变化及时进行，避免落入"静态比较优势陷阱"。

参考文献

［1］谭林、武拉平：《中国大豆需求及供需平衡分析》，《农业经济问题》2009年第11期，第98～101页。

［2］肖俊彦：《警惕我国粮食安全保障能力下降》，《农业经济问题》2012年第6期，第19～25页。

［3］文小才：《我国农业产品的结构性矛盾与调整对策》，《农业现代化研究》2007年第3期，第262～266页。

［4］胡星：《比较优势与农产品结构调整》，《经济经纬》2001年第2期，第31～33页。

［5］唐华俊、罗其友：《基于比较优势的种植业区域结构调整》，《中国农业资源与区划》2001年第5期，第34～38页。

［6］钟甫宁、邢鹂：《我国种植业生产结构调整与比较优势变动的实证分析》，《农业现代化研究》2003年第4期，第260～263页。

［7］钟甫宁、叶春辉：《中国种植业战略性结构调整的原则和模拟结果》，全国农业经济管理学科前沿发展战略学术研讨会，2004，第4～9页。

［8］林郁、李学林、江惠琼等：《云南省主要农作物生产比较优势与布局探讨》，《经济问题探索》2005年第5期，第142～144页。

［9］徐志刚、钟甫宁、傅龙波：《中国农产品的国内资源成本及比较优势》，《农业技术经济》2000年第4期，第1～6页。

［10］李应中：《中国农业区划学》，中国农业科技出版社，1997。

［11］牛乔丽：《我国粮食主产区主要粮食作物生产能力区域比较优势分析》，《当代经济》2013年第9期，第76～78页。

［12］汪秀芬：《我国主要粮食作物生产能力区域比较优势分析》，《内蒙古农业科技》2006年第4期，第19～21页。

［13］安晓宁、姜洁：《三大粮食作物生产的区域比较优势分析（之一）——以小麦为例的实证研究》，《调研世界》1998年第7期，第18～21页。

［14］肖运来：《我国油料作物生产的区域比较优势及效率分析》，中国农业科学研究院科技文献信息中心，2002。

［15］张华、王道龙、屈宝香等：《我国主要粮食品种区域比较优势研究》，《中国农业资源与区划》2004年第2期，第13～17页。

猪肉可追溯体系建设存在的问题与影响因素

——基于猪肉供应链的实证分析[*]

徐玲玲^{**}

摘　要： 为防范食品安全风险，推动猪肉可追溯体系建设，近年来我国农业部、商务部和质检部等不同监管部门从各自的职能出发，分别发布了生产环节、流通环节等不同环节中猪肉可追溯体系的实施标准与规范。然而到目前为止，我国真正意义上的全程猪肉可追溯体系尚未建立。基于猪肉供应链，课题组实地走访调查了盐城生猪屠宰加工 A 企业、盐城部分农贸市场与超市，以及盐城阜宁县部分生猪养殖大户（养殖规模在 1 万头以上）和生猪养殖散户，细致梳理了猪肉可追溯体系实施的现状与存在的问题，结果发现，养殖环节的生猪已 100% 佩戴耳标，但形同虚设，养殖环节与屠宰环节之间的信息无法通过耳标进行有效对接，猪贩子时常临时为生猪加戴耳标。进一步深入研究发现，造成上述现象的深层次原因是：养殖环节与屠宰加工环节在生猪身份标识编码方式、信息记录格式、信息上传的规范与管理平台等方面存在差异，智能识读设备和数据库等配套技术不完善，体系后期运行与维护的投入不足等。据此，本文提出了推动和

---

　*　国家社会科学基金重大项目"食品安全风险社会共治研究"（编号：14ZDA069）；国家社科青年基金项目"基于可追溯体系的食品安全全程监管机制与支持政策研究"（编号：12CGL100）；江苏省高校哲学社会科学优秀创新团队建设项目"中国食品安全风险防范研究"（编号：2013－011）；江苏省博士后科研资助项目"基于社会共治的食品安全风险市场治理体系研究"（编号：1402074C）；江南大学中央高校专项资助项目"农村食品安全体系建设研究"（编号：JUSRP1504XNC）。

**　徐玲玲（1981～），女，江苏扬州人，博士，江苏省食品安全研究基地副教授，研究方向为食品安全管理。

完善我国猪肉可追溯体系建设的对策建议。

关键词： 猪肉　可追溯体系　供应链　存在的问题　影响因素

一　引言

我国是世界上最大的猪肉生产国与消费国，但猪肉食品安全事件时有发生。建立食品可追溯体系，保障食品安全，是关系国计民生的大事。2013年、2014年和2015年，国务院在食品安全工作的安排中，均重点提出要加快推进食品安全可追溯体系的建设。事实上，农业部早在2001年就开始推动实施动物免疫标识制度，并会同质检部、商务部等相关部门，发布了指导和管理猪肉可追溯体系建设的标准与规范。在养殖环节，农业部相继发布《畜禽标识和养殖档案管理办法》《耳标定购、生产、发放、使用规范》等标准与制度，要求生猪等佩戴耳标，实施养殖档案信息化管理，实现养殖环节的畜禽及畜禽产品可追溯。目前已建成国家畜禽标识信息中央数据库，全国养殖环节生猪耳标佩戴率已超过90%[1]。在流通和消费环节，商务部则相继发布了《全国肉类蔬菜流通追溯体系建设规范》、《肉类蔬菜流通追溯体系编码规则》（SB/T 10680-2012）、《肉类蔬菜流通追溯体系信息传输技术要求》（SB/T 10681-2012）等6项国家标准，推动建立覆盖批发、屠宰、零售、消费环节的肉类蔬菜可追溯体系，每年选择10个城市展开试点工作，目前已覆盖50个城市，2000多家流通企业被纳入追溯体系。但由于缺乏统一的制度和标准，在现实中我国猪肉可追溯体系各环节之间衔接不畅，消费者购买的可追溯猪肉仅能追溯到屠宰加工环节，不包含养殖环节的具体信息，进而影响了整个可追溯体系的运转效率[2~3]。随着国家食品药品监督管理总局的组建，食品安全分段监管的模式被打破，农业部负责农产品质量安全监督管理，原本由商务部负责的生猪定点屠宰监督管理职责已划入农业部。在上述背景下，本文通过实地调查分析猪肉供应链上可追溯体系建设中存在的问题与影响因素，提出完善猪肉可追溯体系建设的对策建议，以期为国家食品药品监督管理总局和农业部的相关决策提供服务。

二 文献回顾

完善且统一的制度与标准是猪肉可追溯体系建设的前提，否则可追溯信息无法在不同环节的生产者之间实现交流与共享[4]，可追溯体系的功效也就无法发挥[5~6]。除了标准和规范外，配套技术不完善、成本高昂等问题，也是可追溯体系建设过程中不可回避的问题。我国学者一般从猪肉可追溯体系的法规制度、配套技术、国家财政投入等方面，研究我国猪肉可追溯体系的发展现状、存在的问题并据此提出对策建议。袁晓菁和肖海峰[1]详细梳理了我国猪肉质量安全可追溯系统的发展现状，发现猪肉质量安全可追溯系统存在法律法规不完善、供应链各环节效率低下等问题，提出应加强各监管部门之间的协调并完善管理制度。何莲、凌秋育[6]研究了四川省农产品质量安全可追溯系统的发展现状与存在的问题，认为应加快建立健全法律法规体系，并增加政府财政投入。陶龙斐、高国平[7]对比分析了丹麦、美国的猪肉质量安全可追溯体系和我国成都、上海市的猪肉质量安全可追溯体系，在此基础上发现我国的猪肉质量安全可追溯体系，与欧盟、美国等发达国家和地区的差距还比较大，需要通过制定全国统一的政策法规和可追溯技术规范、改善实施可追溯的软硬件等，来发展适合中国国情的可追溯理论及实践方式。蔡元、张成虎[8]在介绍我国猪肉可追溯体系相关法规、制度、技术的发展现状的基础上，指出了可追溯管理体系的重要环节。张雅燕[9]分析了我国猪肉可追溯体系的运作机制，认为运行成本过高、养猪户普遍规模较小且素质不高、消费者认知度不高、缺乏统一的农产品质量追溯平台是当前制约我国猪肉可追溯体系发展的主要因素。周纯洁等[10]专门研究了食品安全可追溯系统标识管理关键技术的应用情况。

在实证研究层面，一些学者致力于生产者实施猪肉可追溯体系的意愿与影响因素的研究。比如，孙致陆、肖海峰[11]和刘增金等[12]实证研究了农户参与猪肉可追溯体系的意愿与影响因素。一些学者则从供应链的不同主体出发，探析了我国猪肉可追溯体系的实施绩效。比如，郭嘉沛和王征兵[13]调查了江西省部分批发市场实施猪肉可追溯体系的情况，发现获得质量认证的安全猪肉的比例高达 68.7%。周洁红等[14]实证调查了浙江省 66 家猪肉屠宰加工企业实施质量安全可追溯体系的现状与绩效，发现降低公开召回的风险、与上下游企业加强合作等对企业的可追溯行为有显著影响。李传勇等[15]研究了厦门农业生产企业和专业合作社应用推广农产品质量安全体系的效果。

通过文献梳理不难发现，现有研究要么对猪肉可追溯体系的实施现状与存在的问题泛泛而谈，认为存在缺乏统一的制度和标准、配套技术不完善、政府资金支持不足等问题，缺乏实证支撑；要么单纯从批发市场、猪肉屠宰加工企业或专业合作社的视角，实证分析生产主体实施猪肉可追溯体系的行为与效果。没有从整个猪肉供应链的视角出发，基于实际走访调查，深刻挖掘可追溯标准与配套技术的具体缺陷，辨别缺乏资金支持的薄弱环节。因此，本文基于完整猪肉供应链上主要生产主体实施猪肉可追溯体系的实证调查，挖掘我国猪肉可追溯体系建设存在的问题和背后的深层次原因，弥补现有研究的空缺，并为促进我国猪肉可追溯体系建设提出对策建议。

三 研究方法与数据来源

为了解我国猪肉可追溯体系建设最真实的现状，本文对猪肉供应链全程可追溯体系的实施情况展开实地调查与访谈。基于实际数据，挖掘其中存在的问题。本次调查对象包括盐城市阜宁县的生猪养殖户、生猪屠宰加工 A 企业和部分猪肉销售商。盐城市阜宁县是江苏省生猪养殖第一大县，也是全国肉类产量百强县和国家生猪标准化养殖示范县。近年来，阜宁县加大生猪品种改良力度，提高优质生猪的生产比例，重点扶持生态规模猪场建设，完善提升"猪联网"工程，建立了生猪质量可追溯平台。与此同时，阜宁县在江苏省率先建立了村级动物防疫员队伍，建成网上信息公布与远程教育系统，建立了互动式的畜牧科技推广体系。截至 2013 年，阜宁县共有万头生态猪场 59 个，千头生态猪场 278 个，生态猪场占全部规模猪场的比例超过 50%，年出栏生态猪 85 万头以上，带动全县农民的收入不断提升。我国最大的生猪屠宰加工企业集团的下属分公司 A 坐落在盐城，

A 公司拥有全套全自动生产线和肉品质量检测实验室，已执行较完善的生猪屠宰加工规范和可追溯体系，每年从阜宁县采购的生猪量占其总采购量的 60% 以上，年产能约为 200 万头。盐城市的一小部分农贸市场和个别超市的猪肉销售商已实施猪肉可追溯体系，消费者可以购买到带有简单信息的可追溯猪肉。可见选择盐城猪肉供应链上的生产主体与可追溯体系作为调查对象，具有展开本研究的基础。

由江苏省食品安全研究基地的研究人员组成调查小组，于 2014 年 1 月分别进入盐城市阜宁县、屠宰加工 A 企业和部分农贸市场，对不同环节的猪肉可追溯体系的实施流程、应用标准、成本与收益、政府的激励与引导措施等进行预调查，对盐城市猪肉可追溯体系的实施状况与关键节点等形成初步的认知。在此基础上，研究人员对本研究的调查问卷与访谈问题进行修正。针对生猪养殖户的调查问卷包括农户认知、生猪标识与养殖信息记录流程三方面内容，针对屠宰加工 A 企业的访谈提纲包括耳标的作用与去向、猪肉可追溯信息标识与记录流程、实施可追溯体系的制约因素等方面的内容，针对猪肉销售商的访谈提纲包括可追溯猪肉的批发与销售过程、追溯电子秤的使用方式与成本等方面的内容。随后调查小组于 2014 年 3 月 5 日至 28 日再次入驻盐城市展开正式的面对面调查与访谈。在盐城市阜宁县三灶镇、罗桥镇和新沟镇对 16 个生猪养殖大户负责人和 52 个生猪养殖散户展开问卷调查，为保证信息的质量还随机进行深度访谈。在盐城市滨海县的生猪屠宰加工 A 企业，调查小组进入屠宰加工车间，观察生猪屠宰过程和猪肉可追溯体系的实施流程，对企业总经理和随机选取的 5 位普通员工进行访谈。在盐城市部分农贸市场，调查人员直接购买可追溯猪肉，切身体验可追溯信息的查询过程，并与销售商进行面对面访谈。

四　全链猪肉可追溯体系实施状况与存在的问题

（一）　生猪 100% 佩戴耳标，但形同虚设

在农业部发布的《畜禽标识和养殖档案管理办法》等标准与规范的指导下，阜宁县生猪养殖户已经在阜宁县畜牧兽医站的监督下建立了生猪养

殖档案，生猪 100% 佩戴耳标。乡镇动物监管防疫员免费为每头生猪佩戴耳标，耳标由塑料耳标和二维码组成，耳标上二维码的编码形式统一为"1 位种类代码 + 6 位县级行政区域代码 + 8 位标识顺序号"。生猪养殖信息由防疫员按每个农户的生猪饲养批次进行采集，主要包括防疫监管情况、饲料采购与使用情况、防疫用药情况、兽药采购情况、养殖场消毒情况、病死猪无害化处理情况等信息，并分别录入纸质档案簿。防疫员再按统一的指标要求将信息上传至省级畜禽标识信息数据库，即国家畜禽标识信息中央数据库的子数据库。由于需要降低成本、节省人力，生猪养殖信息按饲养批次进行纸质记录，未录入耳标二维码，因而耳标仅能够反映生猪的养殖地，但不包含每头生猪的具体养殖信息。当生猪进入流通环节时，屠宰加工企业无法通过耳标获取养殖信息。

（二） 养殖环节与屠宰环节之间信息不对接

根据商务部发布的《全国肉类蔬菜流通追溯体系建设规范》等标准，以及企业自建的猪肉可追溯管理制度，盐城市生猪屠宰加工 A 企业于 2009 年便开始实施猪肉可追溯体系，最主要的目的是确保自身食品安全和企业信誉。当生猪进入屠宰加工 A 企业后，由检疫员实施宰前检疫，检疫合格后，登记生猪收购信息，并录入企业自建的可追溯系统，形成带二维条形码的纸质追溯标牌。相关屠宰信息、药残与肉品品质检疫结果在录入可追溯系统的同时，标识于纸质追溯标牌中。通过扫描追溯标牌（二维条形码），可获知每头生猪在屠宰加工环节的全部信息，但不包含养殖过程中的信息。企业根据商务部的信息采集指标要求上传可追溯信息至城市追溯管理平台，最终汇总至商务部建立与管理的中央追溯管理平台。耳标则在屠宰过程中被剪下统一收集并上交市畜牧兽医站。可见，在屠宰加工环节，可追溯信息主要通过手动录入，并配合二维条形码技术进行标识。养殖环节与屠宰环节之间的信息没有通过耳标进行有效对接，而且不同环节的信息分别储存在不同的中央信息管理平台，制约了信息的交流与共享。

（三） 收购环节存在漏洞，影响整个系统的有效性

在生猪收购环节，盐城市阜宁县的生猪收购主体大多为私营商贩，流

动性大，操作管理缺乏有效的规范和约束。表面来看，生猪收购商的收购行为，受到指定屠宰加工企业和阜宁县动物卫生监督机构的双重约束。屠宰加工 A 企业规定，收购商提供的生猪必须是无疫病疫情的健康生猪，动物卫生监督机构也规定，佩戴耳标的生猪方可进入流通环节销售。然而，为了谋求短期利益，猪贩子有与养殖户共谋的动力，因此时常出现临时加戴耳标、伪造生产记录的现象，影响了整个可追溯系统的有效性。在批发和零售环节，盐城市批发市场、农贸市场和超市的管理相对严格规范，其生鲜猪肉产品可以根据纸质或电子档案实现追溯。消费者可以通过追溯电子秤打印条形码以查询相关信息，但信息非常简单和有限，且不包括养殖环节的信息。

五　猪肉可追溯体系发展的影响因素

影响猪肉可追溯体系发展的因素是多方面的，既有制度层面的因素，也有行业层面的因素。针对上述在实际调查中发现的问题，进一步挖掘制约猪肉可追溯体系发展的深层次原因。

（一）养殖环节与流通环节之间的标准不统一

由于职责与监管对象不同，农业部与商务部发布的针对不同环节的可追溯标准之间存在诸多不衔接之处，使养殖环节与流通消费环节的可追溯几乎完全割裂，信息交换与共享不畅。首先，生猪身份标识编码方式不同。养殖环节的个体标识编码由 1 位种类代码加 6 位县级行政区域代码加 8 位标识顺序号，共 15 位数字及专用条码组成。而屠宰加工环节的个体标识编码则由 13 位经营者主体码加 7 位交易流水号，共 20 位数字和专用条形码组成。其次，信息记录的格式与标准不同。在养殖环节，畜禽养殖场需要按农业部统一监制的《畜禽养殖场养殖档案》的格式与标准建立生猪养殖档案，录入生猪养殖、防疫与病死信息。而在流通与消费环节，企业需要按商务部发布的《肉类蔬菜流通追溯体系信息传输技术要求》的格式与标准建立电子台账，录入生猪进场、屠宰、检疫与交易等信息。最后，信息上传的规范与管理平台不同。养殖环节的生猪可追溯信息，由县级以上人民政府畜牧兽医行政主管部门根据农业部的数据采集要求进行处理，然后上传到农业部管理的国家畜禽标识信息管理系统。而流通环节录入的生猪可追溯信息，则由经营主体按《肉类蔬菜流通追溯体系信息传输技术要求》和《肉类蔬菜流通追溯体系管理平台技术要求》进行标准化处理，并上传到城市追溯管理平台，最终汇总至商务部管理的中央追溯管理平台。

（二）智能识读设备和数据库等配套技术不完善

在养殖环节，我国生猪标识目前普遍采用耳标与条形码结合的方式，在保留原塑料耳标中数字编码的基础上，增加了与数字编码一致的二维条形码，提高了耳标的自动识别水平。但要读取和存储养殖信息，需要利用移动智能识读设备、无线网络及数据库等配套设备和技术。在阜宁县，这些配套设备和技术尚未得到推广应用，整体的数字化、网络化管理比较落后。养殖信息全部按生猪养殖批次以纸质档案的形式记录和保存，加之生猪养殖信息基数大，因而无法实现对每一头生猪都采集信息。在屠宰加工环节，盐城市生猪屠宰加工 A 企业的信息化水平有待提升，企业未按《全国肉类蔬菜流通追溯体系建设规范》的要求使用 IC 卡等用于信息记录与传递的智能服务卡，而是采用纸质档案的形式，智能识读设备有待完善。在销售环节，部分农贸市场和超市的猪肉销售网点并没有接入网络，不具备安装终端的条件，进而制约了猪肉可追溯体系的推广。

（三）生产主体与消费者的认知水平低下

一是生产主体认识不到位。主要是生猪养殖户对可追溯标准、猪肉可追溯体系的功能和价值的认识不足。虽然阜宁县的生猪已 100% 佩戴耳标，但绝大部分养殖户尤其是散户不了解耳标的作用和使用方法，更不用说相关的制度与行业标准，完全依赖动物监管防疫员为生猪佩戴耳标，并完成全部的生猪养殖档案记录，这显然并非长久之计。因为养殖环节猪肉可追溯体系的实施主体必须是农户，只有农户接受并重视可追溯体系，从农田到餐桌的全程可追溯体系才能真正发挥功效。二是消费者意识不到位。可追溯猪肉的成本高于普通猪肉，许多消费者不愿意为此支付更高的价格。由于缺乏足够的市场需求与激励，市场环节对生产环节的拉动作用不能充分发挥，可追溯体系给生产者带来的实际经济利益有限。不仅如此，大部分消费者对可追溯猪肉的功能了解得不够深入，不懂得应该如何使用可追溯猪肉的查询设施，加上受传统消费习惯的影响，许多消费者购买可追溯猪肉后不会索要小票，利用追溯设施进行查询的消费者更是少之又少。

（四）体系运行与维护的资金投入不足

可追溯体系是一项系统工程，不仅包括检测设备的购置、软件的开发及信息平台硬件的建设等初始建设投入，还包括信息采集、系统维护、人员培训等后期系统运行与维护的投入，需要耗费大量的人力、物力和财力。本文的调查结果显示，我国可追溯体系的建设存在头重脚轻的问题，即重建设轻运行和维护。在养殖环节，从 2011 年起，阜宁县就依靠政府资助通过开发数据库、建设信息平台、免费发放耳标等建立了生猪养殖档案，实现生猪 100% 佩戴耳标。但后期的养殖信息采集、系统维护等投入严重不足，以致养殖环节的可追溯体系形同虚设。在屠宰和销售环节，可追溯体系的初期硬件购置费用一般可以通过政府补贴的方式获得，但猪肉可追溯体系的运行与维护成本，包括使用条形码等耗材的成本、信息记录和数据处理的人工投入和管理成本、软硬件的维护与更新成本等，则几乎全部由屠宰加工企业及销售企业承担。而目前这些成本尚不能完全通过提高猪肉销售价格和增加销量来弥补，在政府资金支持非常有限的情况下，生产者的积极性和可追溯体系的实施效果就难免大打折扣。

六　研究结论与对策建议

本文实证研究了猪肉供应链上的生猪养殖户、屠宰加工企业和销售商等实施猪肉可追溯体系的情况与存在的问题，发现在江苏省盐城市阜宁县，生猪已 100% 佩戴耳标，但生猪养殖信息按饲养批次进行纸质记录，未按每头生猪的情况录入对应的个体耳标二维码中，耳标仅表示生猪产地信息；养殖环节与屠宰加工环节之间的可追溯标准存在诸多差异，信息无法通过耳标有效对接，且不同环节的信息分别储存在不同的中央信息管理平台，制约了信息的交流与共享；生猪收购环节存在漏洞，时常出现猪贩子为生猪临时加戴耳标、伪造生产记录的现象。产生上述问题的根本原因在于：首先，养殖环节与屠宰加工环节在生猪身份标识编码方式、信息记录格式、信息上传的规范与管理平台等方面存在差异，使养殖环节与流通消费环节的可追溯几乎完全割裂；其次，实现可追溯的智能识读设备和数据库等配套技术不完善，不同环节的可追溯体系难以完全符合国家的规范和要求；再次，养殖户尤其是散户与消费者的认知水平低下，制约了可追溯体系的实施效果；最后，政府投入主要用于可追溯体系的初期建设，而后期运行与维护的投入不足，影响了生产者的积极性。据此，本文有针对性地提出以下四点对策建议。

（一）统一追溯制度与标准

随着国家食品药品监督管理总局的组建，食品安全监管"多龙治水"的局面将被打破。农业部继续负责农产品质量安全监督管理，原先由商务部负责的生猪定点屠宰监督管理职责也划入农业部。因此，应在国家食品药品监督管理总局的配合下，由农业部逐步统一养殖与流通环节的猪肉可追溯制度与实施标准。首先，将养殖环节耳标中的二维码与流通消费环节的追溯二维码相统一；其次，对养殖环节的信息记录格式进行调整，使之与流通环节的信息记录格式相一致，在统一信息记录格式的基础上，统一信息上传的标准；最后，整合国家畜禽标识信息中央数据库及其子数据库与中央追溯管理平台及其子数据库中的数据，形成唯一的国家追溯管理平台。只有统一国家相关标准，使不同环节的可追溯信息不再隔断，才能更好地引导和监督生产者参与实施全程可追溯体系。

（二）增加薄弱环节的资金投入

一是增加体系运行与维护的资金投入。目前政府部门的相关资金投入主要用于猪肉可追溯体系的初始建设，而生产者运行和维护可追溯体系仍然需要大量的资金投入。在当前消费者对可追溯猪肉普遍存在认知和消费意愿不足，而市场激励无法推动可追溯体系有效实施的情况下，政府仍需要对信息采集、软硬件维护与更新等给予补贴。在市场逐渐认可可追溯猪肉，供应链上的生产者也能够从实施全程可追溯体系中获得除市场直接收益以外的间接收益之后，政府再完全放手由市场推动可追溯体系的运行。二是加大对配套设备与技术的资金支持，尤其是应加大对成本较高的信息自动识读设备和无线网络技术的资金支持。比如，针对阜宁县猪群的生产记录只能以生产批次为单位而不能与每一头生猪相对应的问题，可考虑采用射频技术，在几厘米到几米的距离内发射无线电波，读取电子标签内储存的信息，从而有效解决该问题。

（三）提高养殖户和消费者的认知水平

一方面，目前阜宁县相关政府部门已经组织的猪肉可追溯体系的相关教育培训，主要针对地方动物监管防疫员和养殖大户。因此需要提高普通养殖户尤其是散户对可追溯体系的认知水平，通过防疫员将可追溯体系的功能和实施流程等向农户传递，使农户真正承担起实施猪肉可追溯体系的相应责任。另一方面，养殖信息不能通过耳标有效传递到屠宰加工环节，除了技术和标准方面的原因，还有企业成本方面的原因。因而有必要通过宣传栏、报刊、电台、网络等渠道，加大对消费者的宣传教育，普及食品安全知识，增加消费者对可追溯食品相关知识的了解，提高消费者使用查询系统的技能，增强其购买可追溯猪肉的信心，提高可追溯猪肉相对于普通猪肉的市场溢价，最终形成市场拉动、养殖户和企业自愿参与的猪肉可追溯体系的良性循环。

（四）推动标准化养殖

阜宁县生猪养殖大户对猪肉可追溯体系的认知水平要明显高于散户，且大户基本是在防疫员的监督下自己完成生猪养殖信息记录工作，而散户则依赖防疫员记录生产养殖信息。在散户众多而防疫员有限的情况下，猪肉可追溯体系的实施效果难免大打折扣。因此，应当继续扶持养殖大户，同时鼓励散户扩大经营规模，指导散户进行标准化养殖，加强对养殖户的各种技能培训，提高生猪生产的组织化、现代化和标准化程度。

参考文献

［1］袁晓菁、肖海峰：《我国猪肉质量安全可追溯系统的发展现状、问题及完善对策》，《农业现代化研究》2010 年第 5 期，第 557～560 页。

［2］吴林海、徐玲玲、朱淀等：《企业可追溯体系投资意愿的主要影响因素研究：基于郑州市 144 家食品生产企业的案例》，《管理理评论》2014 年第 1 期，第 99～119 页。

［3］Shanahan, C., Kernan, B., Ayalewm, G., "A Framework for Beef Traceability from Farm to Slaughter Using Global Standards: An Irish Perspective," *Computers and Electronics in Agriculture*, 2009, 66: 62 – 69.

［4］Chang, H. H., "Does the Use of Eco – labels Affect Income Distribution and Income Inequality of Aquaculture Producers in Taiwan?" *Ecological Economics*, 2012, 80: 101 – 108.

［5］Saltini, R., Akkerman, R., Frosch, S., "Optimizing Chocolate Production through Traceability: A Review of the Influence of Farming Practices on Cocoa Bean Quality," *Food Control*, 2013, 29: 167 – 187.

［6］何莲、凌秋育：《农产品质量安全可追溯系统建设存在的问题及对策思考》，《农村经济》2012 年第 2 期，第 30～33 页。

［7］陶龙斐、高国平：《国内外猪肉质量安全可追溯体系发展现状》，《猪业科学》2013 年第 8 期，第 42～43 页。

［8］蔡元、张成虎：《猪肉质量安全可追溯系统的研究现状及发展前景》，《猪业科学》2013 年第 8 期，第 36～38 页。

［9］张雅燕：《食品质量安全可追溯体系的运行机制及发展路径研究》，《黑龙江畜牧兽医》2014 年第 5 期，第 11～13 页。

［10］周纯洁、陈世奇、赵波普等：《食品安全可追溯系统应用研究进展》，《南方农业》2014 年第 22 期，第 82～84 页。

［11］孙致陆、肖海峰：《农户参加猪肉可追溯系统的意愿及其影响因素》，《华南农业大学学报》2011 年第 3 期，第 51～58 页。

［12］刘增金、乔娟、吴学兵：《纵向协作模式对生猪养殖场户参与猪肉可追溯体系意愿的影响》，《华南农业大学学报》2014 年第 3 期，第 18～26 页。

［13］郭嘉沛、王征兵：《我国猪肉批发市场可追溯体系实施概况》，《畜牧与饲料科学》2011 年第 6 期，第 39 ~ 40 页。

［14］周洁红、陈晓莉、刘清宇：《猪肉屠宰加工企业实施质量安全追溯的行为、绩效及政策选择》，《农业技术经济》2012 年第 8 期，第 29 ~ 37 页。

［15］李传勇、陈琼、陈永锋：《福建省厦门市农产品质量安全追溯系统的应用现状与发展对策》，《北京农业》2014 年第 2 期，第 187 ~ 188 页。

食品消费偏好与行为研究

猪肉不同安全属性消费偏好的比较研究[*]

吴林海　秦沙沙　朱　淀[**]

摘　要: 本文以中国江苏省无锡市110位消费者为样本, 采用真实选择实验的方法, 借助随机参数与潜在类别模型研究了消费者对可追溯猪肉属性及层次的偏好。结果发现, 消费者对可追溯信息真实性的政府认证属性的支付意愿最高, 对原产地属性的支付意愿高于无认证情况下对可追溯信息属性的支付意愿, 且追溯到屠宰加工环节的可追溯信息属性与本地产属性之间存在替代关系, 与外地产属性之间存在互补关系。因此, 尽管消费者群体之间存在异质性, 但不同类别的消费者对可追溯猪肉的本地产属性均具有一定的支付意愿。故在中国可追溯食品市场建设初期, 在可追溯食品属性体系中设置原产地属性具有积极的意义。

关键词: 可追溯猪肉　原产地　支付意愿　真实选择实验

一　引言

随着全社会食品安全消费意识的普遍提高, 中国消费者对农产品、食

---

* 国家社科基金重大项目"食品安全风险社会共治研究"(编号: 14ZDA069); 国家自然科学基金项目"基于消费者偏好的可追溯食品消费政策的多重模拟实验研究: 猪肉的案例"(编号: 71273117); 江苏省六大人才高峰资助项目"食品安全消费政策研究: 可追溯猪肉的案例"(编号: 2012 – JY – 002); 江苏省高校哲学社会科学优秀创新团队建设项目"中国食品安全风险防范研究"(编号: 2013 – 011)。

** 吴林海 (1962 ~), 男, 江苏无锡人, 江苏省食品安全研究基地首席专家, 江南大学商学院教授、博士生导师, 研究方向为食品安全与农业经济管理; 秦沙沙 (1989 ~), 女, 河南焦作人, 江南大学商学院硕士生, 研究方向为食品安全管理; 朱淀 (1973 ~), 男, 江苏苏州人, 博士, 苏州大学商学院副教授, 研究方向为食品安全管理。

品的原产地及生产加工过程中的安全信息的需求也在逐步提升[1]。特别是近年来，因原产地环境污染而发生的一系列食品安全事件，如中国湖南省的"镉大米"、山东省的"重金属蔬菜"、海南省的"毒豇豆"等，引发了中国消费者对农产品与食品产地信息的日益关注。实际上，为防范食用农产品与食品的安全风险，农业部分别于 2006 年 11 月、2008 年 6 月颁布实施了《农产品产地安全管理办法》和《农产品产地证明管理规定（试行）》，且商务部早在 2000 年就开始试点建设食品可追溯体系。2008 年在影响极其恶劣的"三鹿奶粉"事件爆发后，商务部、财政部进一步加大力度，在全国范围内分批选择若干个城市作为肉类制品可追溯体系建设的试点城市。2013 年 7 月工信部在内蒙古开展牛羊肉全产业链质量安全追溯体系建设试点工作。但是，10 多年来中国的食品可追溯体系建设并未取得实质性的进展。对此，政界、学界与食品生产经营企业至今没有做出令人信服的回答。

　　Hobbs 的研究认为，当前食品尤其是畜禽类产品供应商所建立的可追溯体系的主要功能是，在发生食品安全事件后，政府监管部门或行业组织能够通过可追溯链条对主要风险环节进行排查追踪，从而迅速召回风险食品，以降低社会成本，此谓"外部成本削减功能"；同时在发生食品安全事件后，食品供应商可确认食品供应链的风险环节，从而避免法律连带责任，此谓"责任功能"。"外部成本削减功能"与"责任功能"具有事后可追溯的基本特征，但能否发挥作用以及能够发挥多大作用，与可追溯信息属性的设置是否完整覆盖食品供应链体系的关键风险点密切相关[2]。与此相对应的是，一旦将动物福利、原产地等属性纳入食品可追溯体系，该体系就具备警预功能和事前质量认证功能。

　　基于 Hobbs 的研究结论，中国食品可追溯体系建设没有取得实质性进展的可能原因是：第一，事后追溯信息并不完整，比如目前试点城市市场上供应的可追溯猪肉就没有设置养殖环节的信息，如果在缺失信息的风险环节发生猪肉安全事件，政府与行业组织未必能及时召回问题猪肉；第二，消费者可能更愿意购买具有事前预警功能的可追溯食品，而不是单纯具有事后追溯功能的可追溯食品，但目前市场上试点的可追溯食品仅具有事后追溯功能，并不具有事前预警功能；第三，消费者对具有事后追溯功能的安全信息并不信任[2]。显然，在中国食品市场上，食品可追溯体系必须同时具备事前预警功能与事后追溯功能，且可追溯信息的真实性必须经过有效认证，这样才能有效降低食品安全风险。然而，具有事前预警与事后追溯功能的可追溯食品的生产必然会增加成本，并反映到价格上，消费者未必具有支付意愿。因此，建立完备的食品可追溯市场体系应以满足消费市场的需求为前提。

鉴于此，本文把具有事前预警功能的原产地属性作为可追溯食品的属性之一[3~4]，基于食品全程供应链的主要风险特征设置具有事后追溯功能的可追溯信息属性，同时引入可追溯信息真实性的认证属性，考察消费者对可追溯食品不同属性的支付意愿，以期为建立适合中国国情的食品可追溯体系提供决策参考。

二　文献综述

根据 Lancaster 的消费者需求理论，可追溯食品可以被视为多种属性的组合[5]。Nelson 等根据消费者对产品属性的认知，把产品属性分为搜寻属性、经验属性与信任属性三种类别[6~7]。食品可追溯信息属性与真实性认证属性在本质上属于食品的信任属性[8]，食品可追溯信息属性能够通过传递机制向消费者充分披露生产加工、运输和销售环节的详细信息，由此改善因信息不对称引起的食品市场失灵[9]。由于食品可追溯体系通过在供应链上提供可靠持续的可追溯信息（属性）流，对食品全程供应链实施监控，并通过追溯来识别问题源头和实施召回，因而被认为是从根本上预防食品安全风险的主要工具之一[10~11]。

学者们就消费者对食品可追溯信息属性的偏好进行了大量的先驱性研究。Abidoye 等使用假想性实验的方法研究了不同国家的消费者对可追溯猪肉、可追溯牛奶等食品所具有的可追溯信息属性的偏好与支付意愿，研究结果表明，消费者愿意为这些具有可追溯信息属性的食品支付一定的溢价[12~15]。吴林海等采用非假想性实验的方法研究了消费者对具有不同层次可追溯信息组合的猪肉的支付意愿，结果表明，虽然消费者的支付意愿在不同实验机制下存在差异，但对猪肉不同层次可追溯信息属性具有一致的偏好序，并且消费者更偏好可追溯信息中的养殖信息以及政府对可追溯信息真实性的认证[16]。Bai 等的研究则发现，消费者对可追溯信息属性的偏好受认证机构的影响，与第三方认证以及其他机构的认证相比，消费者最偏好得到政府机构认证的可追溯食品，但随着消费者收入和知识的增长，其对第三方认证机构的信任会逐渐增强[15]。Wu 等的研究还发现，消费者对可追溯食品的支付意愿受到其个体与社会特征、认知水平等因素的影响，如果消费者充分了解食品可追溯体系，则其对经过认证的可追溯食品的接受度会显著提升[17]。Bu 等的研究发现，不同年龄的消费者对可追溯信息的偏好有所不同，26～40 岁的消费者更偏好含有养殖和屠宰加工信息的可追溯猪肉，而 41～45 岁的消费者更偏好含有养殖、屠宰加工、冷藏运输信息的可追溯猪肉，并且收入与受教育程度越高的消费者越偏好信息属性更完整的可追溯猪肉[18]。

可追溯信息属性、质量认证属性等属于食品的信任属性，消费者在购买与消费之后仍然难以识别。在食品的多种信任属性中，原产地属性是影响消费者选择食品的重要属性[19~22]，而且当原产地属性通过标签的形式呈现出来时，作为信任属性的原产地属性同时也是经验属性[23]。Verbeke 等的研究认为，原产地属性对消费者的购买选择具有重要的作用[24~25]。Pouta 等选取价格、生产方式和原产地等属性对芬兰消费者进行研究后发现，原产地属性对消费者购买烤肉的影响最大，且消费者更偏好国内生产的烤肉[26]。Chern 和 Chang 的研究发现，中国台湾的消费者对原产地属性具有一定的支付意愿，制定并强制执行产地标签法将有助于增加消费者的福利[1]。Chang 等研究了美国消费者对具有不同原产地属性的碎牛肉的偏好，结果表明，消费者最偏好本地产的碎牛肉[27]。Lim 等对美国消费者的研究发现，与进口牛肉相比，消费者更偏好带有本国产标签的牛肉，并且消费者一旦认为本国产的牛肉的安全性值得信任，就会具有较高的支付意愿[28]。

与此同时，学者们也就消费者对食品的原产地属性与可追溯信息属性的消费偏好的差异性进行了比较研究。Loureiro 和 Umberger 的研究发现，相比于无原产地属性的牛肉，消费者对具备原产地属性的牛肉有更高的支付意愿，且高于对牛肉的可追溯信息属性的支付意愿[3]。Tsakiridou 等的研究同样显示，消费者对原产地属性的支付意愿最高，其次是产品认证属性、可追溯信息属性等[23]。Verbeke 和 Roosen 的研究认为，相比于可追溯属性，消费者对具有产地和质量属性的食品有更高的支付意愿[29]。也有研究显示，消费者比较重视质量保证和保质期等信息，而对可追溯信息和产地信息的重视程度并不高[30]。

综上所述，目前国内外学者就消费者对可追溯信息、可追溯信息真实性认证、原产地等属性的消费偏好展开了大量的研究，虽然受消费文化和国情差异的影响，不同国家的消费者对可追溯食品不同属性的偏好不尽相同，但较为一致或相近的研究结论是，消费者普遍重视原产地、质量认证、可追溯性、外观、动物福利等属性。然而，国际上可追溯食品信息属性与层次设置并不符合中国的国情，比如，国外消费者在消费动物制品时非常关注动物福利信息，但目前动物福利信息并未得到中国消费者的广泛关注。进一步分析，国外学者以中国消费者为案例对可追溯食品信息属性偏好进行研究的极少，故国际上对中国消费者的研究结论是否具有普适性有待验证。与此同时，目前国内的研究大都以假想性实验方法为主，客观上存在实验结果失真的问题[31]。本文的努力就在于，以猪肉为案例，基于中国猪肉供应链体系的主要安全风险，构建由可追溯信息、可追溯信息真实性认证、原产地、价格等属性构成的相对完整的可追溯猪肉属性体系，并根据 Hobbs 对事前与事后可追溯信息属性的分类标准[2]，将原产地属性作为可追溯猪肉的事前预警性属性，将可追溯信息属性、可追溯信息真实性认证属性作为事后可追溯属性，与此同时采用激励相容的非假想性实验的方法——真实选择实验法（Real Choice Experiment，RCE）研究消费者对可追溯食品信息属性的偏好，以此来探析更符合中国市场需求的可追溯猪肉体系，为在中国发展与普及可追溯食品提供决策参考。

三 实验设计与组织实施

就全球范围而言，可追溯食品首先出现在欧美国家，并且可追溯肉类制品是欧美国家最早出现的可追溯食品，其主要原因是欧美的疯牛病危机、动物饲料的二噁英污染引起了消费者对肉类制品的安全恐慌，而对肉类制品的产地、可追溯信息、质量认证、动物福利等属性的消费偏好和支付意愿也因此迅速成为国际研究的热点，并由此推动了欧美国家肉类制品可追溯体系与标签政策的发展与完善[32~34]。自1980年以来，中国城乡居民的肉类消费结构发生了显著的变化，猪肉占肉类制品的消费比重从1980年的87.6%下降到2012年的60%左右。虽然猪肉的消费比重不断下降，但依然是中国居民肉类消费的主体。为了满足消费需求，21世纪以来中国肉猪出栏量总体上保持持续上升的态势，2013年中国猪肉产量为5493.03万吨①，占国内肉类总产量的64.36%，而且中国有望超过欧盟成为全球人均猪肉消费的第一大国②。猪肉作为中国老百姓最常消费的食品，恰恰是发生质量安全事件最多的食品之一[16]，因此，以猪肉为案例所做的研究就具有一定的代表性。为了有效排除其他猪肉品质特征对消费者选择的影响，本文选取猪后腿肉作为具体的研究对象。

（一）属性与层次设置

目前中国猪肉制品的安全风险主要发生在生猪养殖、屠宰加工、流通销售环节上（见图1）。养殖环节作为猪肉供应链体系的源头，其安全风险对于猪肉的质量状况具有非常重要的作用[32]。生猪养殖环节的风险突出地表现为环境恶化导致疫情频发、疫病防控水平偏低、在饲养过程中违规使用兽药或添加剂等[33~34]，而私屠乱宰、制售病死猪肉和注水肉等则是屠宰加工环节的主要风险隐患[35]。流通销售环节则存在温度控制不当、环境不洁、包装材料使用不当导致微生物滋生从而引起猪肉腐败等问题[36]。因此，本文将可追溯信息属性的设置聚焦于养殖、屠宰加工、流通销售三个最主要的环节，并采用逆向追溯的方法将三个环节的信息分别设置为追溯到养殖环节、追溯到屠宰加工环节两个层次，追溯到养殖环节的可追溯信息（HITRACE）涵盖猪肉的流通销售环节、屠宰加工环节和养殖环节的信息，而追溯到屠宰加工环节的可追溯信息（LOTRACE）则涵盖猪肉的流通

---

① 数据来源于《中国统计年鉴》（2014年）。
② 《中国将成头号猪肉消费国》，《上海证券报》2013年6月7日。

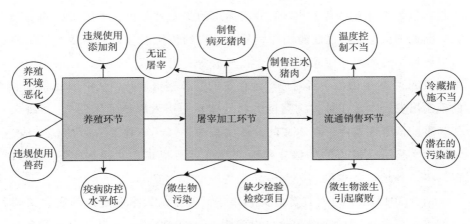

图 1　猪肉供应链主要环节的安全风险

销售环节和屠宰加工环节的信息。可追溯信息属性层次的设定目的主要是体现事后追溯的功能。

消费者对食品安全认证的认知水平对其支付意愿有显著影响[13]，且已有研究证实，中国消费者对可追溯食品的偏好受不同认证机构的影响[15]。政府与第三方认证机构的引入，有助于解决中国可追溯食品市场上政府与市场同时失灵的问题[37]。故本文引入可追溯信息真实性认证属性，并设置为政府认证和第三方机构认证两个层次。

如前所述，本文设置的可追溯信息中已包含了养殖环节的信息，而养殖环节作为猪肉供应链体系的源头，在某种意义上包含了原产地信息。但本文的研究仍然将原产地属性单独列出，与可追溯信息并列，作为可追溯猪肉的一个独立属性。这是因为可追溯信息是信任属性，其包含的原产地信息同样属于信任属性，只有当原产地信息以标签形式呈现时，其对消费者才可能具有事前预警功能，从而成为消费者事前评估的依据[28,38]。与此同时，基于对中国生猪供应链安全性的现实观察，笔者认为将原产地属性作为可追溯猪肉的一个独立属性在当下的中国具有现实的紧迫性。因为在中国，产品的原产地更具有区域空间和地理标志的含义。从区域空间的概念来分析，农产品和食品的质量与区域的自然环境（土壤、水、大气）和社会诚信程度密切相关。现有的研究已表明，中国的食品质量与区域具有高度的相关性[17]，比如中国大米的重金属污染就具有区域分布的规律性①。从地理标志的概念来分析，中国实施的初级农产品地理标志制度已超越国际贸易意义中的传统概念，为增强农产品的可追溯性和透明性，使农产品生产者和消费者建立信任关系，提供了信号甄别机制[39]。中国消费者对原产地信息的需求逐步上升，从中国食品安全的现实出发，本文在可追溯猪肉的属性体系中引入原产地属性②，并将之作为事前预警性属性。在本文的具体实验中，将"本地产"中的"本地"定义为实验所在城市的生猪养殖地即江苏省无锡市，并根据实际调研数据，将"外地产"中的"外地"定义为安徽省六安市。

结合 2014 年 6 月对江苏省无锡市华润万家、天惠等超市的实地预调查，本文将普通猪后腿肉的价格设定为 14 元/500 克，并基于 Wu 等对中国辽宁、河北、江苏、甘肃、云南五省共 2121 名消费者对具有不同层次安全信息的可追溯猪肉的支付意愿的研究[40]，将可追溯猪后腿肉的价格设置为比普通猪后腿肉的价格高一部分，据此设定如表 1 所示的可追溯猪后腿肉价格属性的三个层次。

表 1　猪后腿肉属性与层次设置

类　别	属　性	属性层次
事后可追溯属性	1. 可追溯信息属性	1. 无可追溯信息（NOTRACE） 2. 追溯到屠宰加工环节（LOTRACE） 3. 追溯到养殖环节（HITRACE）
	2. 可追溯信息真实性认证属性	1. 无认证（NOCERT） 2. 政府认证（GOVCERT） 3. 国内第三方认证（THICERT）
事前预警性属性	3. 原产地属性	1. 无原产地（NOORIGIN） 2. 本地产（LOCORIGIN） 3. 外地产（OTHORIGIN）
	4. 价格属性	1. 14 元/500 克（PRICE1） 2. 16 元/500 克（PRICE2） 3. 18 元/500 克（PRICE3）

① 《中国大米受重金属污染》，中国食品饮料网，http：//news. sina. com. cn/c/2013 - 05 - 30/100927265559. shtml，2013 年 5 月 30 日。

② 本文在可追溯信息体系中设置的原产地属性中的"原产地"仅指生猪的养殖地。

（二）方法选择

关于消费者对食品可追溯信息属性、可追溯信息真实性认证属性以及原产地属性的偏好与支付意愿的主要研究方法是条件价值评估法、联合分析法、选择实验法等假想性实验的方法，以及实验拍卖和真实选择实验等非假想性实验方法。由于假想性实验法是在假想的市场环境中进行，消费者难以对估价任务产生充分的认知，缺乏揭示真实价值的经济激励，消费者往往会夸大或者不真实地表述自己的支付意愿，导致实验结果失真[31,41]。实验拍卖、真实选择实验等非假想性实验的方法，由于引入激励相容的真实支付环节，并通过实物模拟真实的市场环境，从而有效地解决了假想性实验方法所产生的实验结果失真的难题[42~43]，故实验拍卖、真实选择实验成为目前研究消费者偏好的主流方法。然而与真实选择实验法相比，实验拍卖法操作复杂、实验组织的成本高，且不同的拍卖机制适用于不同的实验环境[44]，对实验方案设计的要求高。因此，本文的研究采用真实选择实验的方法。

（三）实验组织与实施

江苏省无锡市地处长江三角洲中心，经济社会发展在江苏省乃至在全国都居于领先的水平，且无锡是商务部指定的可追溯猪肉的试点城市，居民对可追溯猪肉有一定的认知。因此，以无锡市市区的消费者为案例，研究消费者对具有不同属性的可追溯猪肉的消费偏好相对来说具有研究基础。为了保证实验样本的代表性，由江苏省食品安全研究基地的实验员分别在无锡市市区的 7 个行政区（崇安区、南长区、北塘区、滨湖区、锡山区、惠山区与无锡新区）随机招募实验参与者，且在每个区随机招募 17 个，并由实验员统一选择进入其视线的第三位消费者作为招募实验的参与对象[40]，最终共随机招募 119 位实验参与者。全部实验在 2014 年 9 月 1 日至 9 月 20 日完成。需要指出的是，为了便于消费者区别可追溯信息与原产地标签，在实验过程中，实验员只出示可追溯条形码，没有在可追溯条形码周围显示明确的产地信息，而在原产地标签上则明确列出了产地信息（见图 2）。

基于本文可追溯猪肉属性与层次的设定，可形成 $3 \times 3 \times 3 \times 3 = 81$ 种虚拟的可追溯猪肉轮廓，实验参与者需要对 $81 \times 80 = 6480$ 组可追溯猪肉轮廓

图 2 可追溯猪后腿肉实验样例标签

进行比较选择。一般而言，如果参与者辨别超过 15 个选择将会产生疲劳[45]。为此，本文运用部分因子设计的方法减少参与者的选择，从而降低参与者的选择疲劳程度。根据随机设计的原则对可追溯猪肉的属性与属性层次进行组合，并在减少选择的同时保证属性层次分布的平衡性，由此共设计出 10 个不同版本的实验问卷，每个版本的问卷包含 12 个任务卡。基于 Adamowicz 等关于省略"不购买"选项会限制参与者做出有效决策的研究结论[46~47]，本研究在设计的任务卡中将"不购买"选项纳入其中，故最终设计出如图 3 所示的任务卡样例。

在随机招募的 119 位实验参与者中，剔除回答不完整的参与者，最终共有 110 位消费者完成了实验。实验由此分为 10 组，每组平均 11 个人。根据 2014 年上半年无锡市城镇居民的人均每小时可支配收入水平，在每组实验开始前由实验员给每位参与者发放 20 元①，并告知参与者这 20 元将用于本次实验的真实支付环节。实验结束后，实验员将采用抽签的方式从实验问卷的 12 个任务卡中随机抽取 1 个任务卡，参与者需要根据自己在相应任务卡中的选择进行真实支付②。

---

① 2014 年上半年无锡市城镇居民的人均可支配收入为 21091 元，按每天 8 小时工作时间及每周 5 个工作日计算，无锡市城镇居民每小时的工资约为 20 元，而消费者参与一组真实选择实验的时间大约需要一个小时，因此本文以此为标准进行实验。

② 为节约篇幅，本文中的真实选择实验的主要实验流程没有在文中体现，如有需要可向笔者索取。

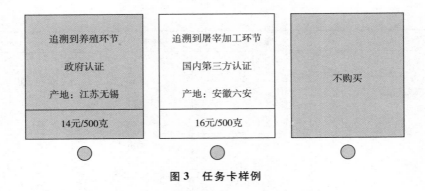

图 3　任务卡样例

（四）消费者统计特征

表 2 显示了 110 位实验参与者的基本特征。其中，女性占 60.91%，这与中国城市家庭中主要由女性购买食物的实际情景相符。50.91% 的参与者的年龄为 26～40 岁，且 41.82% 的参与者的受教育程度为大专或本科。参与者的家庭人口数以 3 人、5 人及以上居多，分别占样本总量的 32.73% 和 37.27%。家庭年收入在 6 万元以下、6 万～15 万元两个层次的参与者构成了样本的主体，两者共占样本总量的 70.91%。此外，84.55% 的消费者家中有 18 岁以下的孩子。需要说明的是，实验参与者样本的总体特征与无锡市区人口的统计特征具有一定的差异。主要原因是，实验招募参与者的时间段是上午 8∶00～10∶00 与下午 16∶00～18∶00，这两个时间段是城市居民家庭食材采购的高峰期，随机招募的参与者样本的统计特征难以与无锡市区 300 万人口的统计特征保持一致。

表 2　消费者统计特征

统计特征	分类指标	样本数（人）	百分比（%）
性别	男	67	60.91
	女	43	39.09
年龄	25 岁及以下	19	17.27
	26～40 岁	56	50.91
	41 岁及以上	35	31.82
受教育程度	高中及以下	27	24.55
	大专或本科	46	41.82
	硕士及以上	37	33.63

续表

统计特征	分类指标	样本数（人）	百分比（%）
家庭人口数	2 人及以下	10	9.09
	3 人	36	32.73
	4 人	23	20.91
	5 人及以上	41	37.27
家庭年收入	6 万元以下	38	34.55
	6 万~15 万元	40	36.36
	15 万元以上	32	29.09
家中有无 18 岁以下小孩	有	93	84.55
	无	17	15.45

四 RPL 与 LCM 模型估计的消费者偏好

（一）模型选择与构建

真实选择实验方法的理论基础与假想选择实验一致，均以 Lancaster 的消费者需求理论和随机效用理论为基础[5]。根据 Lancaster 的理论，消费者基于预算约束将选择具有不同属性与属性层次的可追溯猪后腿肉轮廓，以实现自身效用的最大化。假设 U_{nik} 表示参与实验的消费者（简称消费者）n 在第 k 个情形下从选择空间 C 的子集 m 中选择第 i 个可追溯猪后腿肉所获得的效用，消费者效用 U_{nik} 由确定性部分 V_{nik} 和随机部分 ε_{nik} 构成：

$$U_{nik} = V_{nik} + \varepsilon_{nik} \tag{1}$$

只有当 $U_{nik} > U_{njk}$，即 $V_{nik} - V_{njk} > \varepsilon_{njk} - \varepsilon_{nik}$ 对任意的 $j \neq i$ 均成立时，消费者 n 才会选择第 i 个可追溯猪后腿肉。消费者选择第 i 个可追溯猪后腿肉的概率为：

$$P_{nik} = prob(V_{nik} - V_{njk} > \varepsilon_{njk} - \varepsilon_{nik}; \forall j \neq i) \tag{2}$$

在本文中，V_{nik} 为可追溯猪后腿肉的可追溯信息、可追溯信息真实性认证、价格、原产地四个属性的线性函数：

$$V_{nik} = \beta'_n X_{ni} \tag{3}$$

其中，β'_n 表示消费者 n 的分值效用向量，X_{ni} 表示第 i 个可追溯猪后腿肉的属性向量。

传统的 Logit 模型将消费者假定为同质性的，而随机参数 Logistic（Random Parameters Logistic，RPL）模型允许消费者的偏好是异质性的，即不同消费者的偏好可以不同[48]。因此，本文采用 RPL 模型进行相应的研究。进一步假设 ε_{nik} 服从类型 1 的极值分布，则消费者 n 在 k 条件下选择可追溯猪后腿肉的 i 属性的概率可表示为：

$$P_{nik} = \int \frac{\exp(V_{nik})}{\sum_j \exp(V_{njk})} f(\beta_n) \, \mathrm{d}\beta_n \tag{4}$$

$f(\beta)$ 是参数 β 的概率密度函数。若 $f(\beta)$ 为离散的，则式（4）可进一步转化为潜在类别分析（Latent Class Model，LCM）模型。消费者 n 落入第 t 个类别并选择第 i 个可追溯猪后腿肉产品轮廓的概率可表示为：

$$P_{nik} = \sum_{t=1}^{T} \frac{\exp(\beta_t X_{nik})}{\sum_j \exp(\beta_t X_{njk})} R_{nt} \tag{5}$$

其中，β_t 是 t 类别消费者群体的参数向量，R_{nt} 是消费者 n 落入 t 类别的概率。对应的概率[49]可表示为：

$$R_{nt} = \frac{\exp(\theta'_t Z_n)}{\sum_r \exp(\theta'_r Z_r)} \tag{6}$$

Z_n 是影响某一类别中消费者 n 的一系列观测值，θ'_t 是在 t 类别中消费者的参数向量。

可以通过 RPL 与 LCM 模型分别计算出来的消费者对各属性层次以及价格的分值效用来估算消费者对各属性层次的支付意愿：

$$WTP_k = -2 \frac{\beta_k}{\beta_p} \tag{7}$$

其中，β_k 表示第 k 个条件的分值效用，β_p 为价格属性的分值效用。

（二）变量赋值与模型估计

本文选择效应代码为可追溯猪后腿肉的各个属性赋值（见表 3）。

表 3　变量赋值

变　量	变量赋值	平均数
追溯到养殖环节（HITRACE）	HITRACE = 1；LOTRACE = 0	—
追溯到屠宰加工环节（LOTRACE）	HITRACE = 0；LOTRACE = 1	—
无可追溯信息（NOTRACE）	HITRACE = -1；LOTRACE = -1	—
政府认证（GOVCERT）	GOVCERT = 1；THICERT = 0	—
国内第三方机构认证（THICERT）	GOVCERT = 0；THICERT = 1	—
无机构认证（NOCERT）	GOVCERT = -1；THICERT = -1	—
本地产（LOCORIGIN）	LOCORIGIN = 1；OTHORIGIN = 0	—
外地产（OTHORIGIN）	LOCORIGIN = 0；OTHORIGIN = 1	—
无原产地（NOORIGIN）	LOCORIGIN = -1；OTHORIGIN = -1	—
价格（PRICE）	14/16/18	—
年龄（AGE）	连续变量	38.74
性别（GENDER）	虚拟变量；男性 = 1，女性 = 0	0.40
受教育程度（EDU）	连续变量（取具体受教育年限）	14.49
家庭年收入（INCOME）	连续变量	9.20

进一步假设分值效用是随机的并呈正态分布[50]，应用 NLOGIT5.0 软件，采用 Halton 算法抽取 1000 次评估模拟，分值效用估计结果见表 4。

（三）模型估计结果

表 4 中的 RPL 模型回归结果表明，总体而言，追溯到养殖环节的可追溯信息（HITRACE）、可追溯信息真实性的政府认证（GOVCERT）、本地产（LOCORIGIN）三个属性层次的分值效用均显著为正，并且在各个相应的属性中效用值均相对较高。在交叉项中，追溯到屠宰加工环节的可追溯信息与本地产属性的交叉项（LOTRACE × LOCORIGIN）的系数显著为负，表明只追溯到屠宰加工环节的可追溯信息与本地产属性之间存在替代关系。与此同时，追溯到屠宰加工环节的可追溯信息与外地产属性的交叉项（LOTRACE × OTHORIGIN）的系数显著为正，表明只追溯到屠宰加工环节的可追溯信息与外地产属性之间存在互补关系。可能的原因在于，消费者通过本地产标签对可追溯猪肉风险所进行的事前评估，已涵盖了对生猪屠宰环节风险的评估，其可能认为本地产的猪肉在外地屠宰的可能性较小，

故本地产属性可以替代追溯到屠宰加工环节的可追溯信息；如果出示外地产标签，则消费者可能认为屠宰环节的风险不可控，需要追溯到屠宰加工环节的可追溯信息予以补充，所以只追溯到屠宰加工环节的可追溯信息与外地产属性之间存在互补关系。

表4中显示了RPL模型计算的各层次安全属性方差的显著性，验证了消费者异质性的客观存在。为此，本文以收入、年龄以及受教育程度为协变量，引入LCM模型做进一步分析。LCM模型结果显示，相比于其他可追溯猪后腿肉的属性，第一类别的消费者（59.09%）的价格属性分值效用最低且显著，表明其对可追溯猪后腿肉的价格较为敏感，此类消费者可以称为"价格敏感型"。第二类别的消费者（13.64%）的所有属性的分值效用均不显著，可能的原因是这类消费者对可追溯猪后腿肉的安全风险并不敏感，此类消费者可以称为"无差异型"。相比于前两类消费者，第三类别的消费者（27.27%）的可追溯信息以及可追溯信息真实性政府认证属性的分值效用均显著，此类消费者可以称为"可追溯偏好型"。分析表4中收入、年龄以及受教育程度的系数可以发现，相比于第三类别的"可追溯偏好型"消费者，收入越高的消费者越难以划入"价格敏感型"与"无差异型"这两个类别，年龄越大的消费者属于"无差异型"这个类别的可能性越大，而受教育程度越高的消费者属于"可追溯偏好型"的可能性越大。

根据RPL模型的结果，可以进一步估算消费者对各个属性层次的支付意愿，并且基于Krinsky和Robb的参数自展方法得到相应的置信区间[50]，具体结果见表5。表5显示，消费者虽然对各层次的可追溯猪后腿属性均具有一定的支付意愿，但对可追溯信息真实性认证中的政府认证属性的支付意愿最高，愿意支付的价格为6.6393元/500克，其次分别为本地产属性与追溯到养殖环节的可追溯信息属性，分别为5.4872元/500克和4.8481元/500克。这表明消费者对当前可追溯信息的国内第三方机构认证的真实性存在怀疑，相对于第三方机构认证，消费者更信赖政府认证的信息。从原产地属性的支付意愿来看，消费者对本地产属性的支付意愿明显高于其对可追溯信息属性各个层次的支付意愿。因此，当可追溯信息体系与可追溯信息真实性认证体系难以在短期内建立时，原产地属性至少是合

表 4　选择实验的 RPL 模型和 LCM 模型参数估计结果

变　量	RPL 模型	LCM 模型		
		Class 1（价格敏感型）	Class 2（无差异型）	Class 3（可追溯偏好型）
PRICE	-0.2562（0.0174）***	-0.2770（0.0354）*	-0.0488（1.7575）	-0.2210（0.0632）
HITRACE	0.5997（0.0890）***	0.7440（0.1417）***	0.1539（1.2180）	2.9304（0.1372）***
LOTRACE	0.2361（0.0803）***	0.1103（0.1153）	0.0801（2.3607）	3.1091（0.1499）***
GOVCERT	0.8539（0.0934）***	0.8032（0.1206）***	0.2159（2.1620）	3.1225（0.0879）***
THICERT	0.4768（0.0799）***	0.5252（0.1149）***	0.0283（3.7961）	3.3161（1.8793）
LOCORIGIN	0.6933（0.0903）***	0.7524（0.1374）***	0.1091（2.7176）	0.9585（0.7544）
OTHORIGIN	0.2036（0.0731）***	0.0866（0.1453）	-0.0334（4.5669）	0.2398（0.9067）
HITRACE × LOCORIGIN	0.0841（0.1148）	0.0552（0.2300）	0.5449（10.5534）	-0.1464（0.0778）***
HITRACE × OTHORIGIN	-0.0870（0.1085）	-0.2584（0.2146）	0.0858（3.5713）	0.6474（0.8530）
LOTRACE × LOCORIGIN	-0.1862（0.1113）*	-0.2486（0.2340）	-0.4929（2.2289）	-0.4935（0.7787）
LOTRACE × OTHORIGIN	0.2634（0.1165）**	0.6267（0.2622）**	-0.0212（5.8975）	-0.1030（0.7982）
HITRACE × GOVCERT	0.0505（0.1124）	0.3958（0.2769）	-0.3647（6.0782）	-2.2962（6.8793）
HITRACE × THICERT	0.0444（0.1134）	-0.1503（0.2953）	0.2727（5.5591）	-2.0476（5.2536）
LOTRACE × GOVCERT	0.1129（0.1133）	-0.1985（0.2379）	0.6262（6.7983）	-2.4311（5.8543）
LOTRACE × THICERT	-0.1718（0.1057）	0.0664（0.2597）	-0.6748（7.5685）	-3.0339（4.4424）
STDEV（HITRACE）	0.4922（0.1021）***			
STDEV（LOTRACE）	0.3469（0.1104）***			
STDEV（GOVCERT）	0.5555（0.1125）***			
STDEV（THICERT）	0.3377（0.1310）***			
STDEV（LOCORIGIN）	0.3946（0.1259）***			

续表

变 量	RPL 模型	LCM 模型		
		Class 1（价格敏感型）	Class 2（无差异型）	Class 3（可追溯偏好型）
STDEV (OTHORIGIN)	0.0485 (0.1135) ***			
CHOOSENO	-2.7330 (0.5642) ***	-4.5494 (3.1931)	-1.6390 (61.3243)	2.0591 (0.07931) ***
INCOME	NA	-0.0729 (0.1562)	-0.0056 (0.4023)	—
AGE	NA	-0.0493 (0.0641)	0.0427 (0.2898)	—
EDU	NA	-0.0623 (0.3166)	-0.7412 (1.3181)	—
Class Prob		0.5909	0.1364	0.2727

注：***、**和*分别表示在1%、5%和10%的水平上统计显著，LCM模型分为三个类别时，AIC与BIC值最小分别为157.872和161.018，其中，RPL与LCM模型的 Log-Likelihood 值分别为-1065.7676和-882.9020。

表 5　RPL 模型与 LCM 模型估计的不同消费者对各个属性层次的支付意愿（元/500 克）

属 性	RPL 模型	LCM 模型		
		Class 1（价格敏感型）	Class 2（无差异型）	Class 3（可追溯偏好型）
HITRACE	4.8481 [4.4503, 5.2659]	5.4296 [5.3830, 5.4993]	6.5740 [4.3429, 8.8051]	25.3246 [24.8692, 25.3482]
LOTRACE	1.9809 [1.7810, 2.1991]	0.87 [0.6256, 1.1222]	3.4427 [2.227, 4.6585]	26.6431 [25.8434, 26.9901]
GOVCERT	6.6393 [6.1494, 7.1524]	5.8892 [5.8326, 5.9664]	8.8469 [0.1530, 17.5409]	27.9738 [27.4880, 28.0123]
THICERT	3.7982 [3.5841, 4.0108]	3.8603 [3.8021, 3.9462]	2.02797 [1.3995, 2.6564]	28.3821 [22.3938, 34.3705]
LOCORIGIN	5.4872 [5.2183, 5.7743]	5.4646 [5.4434, 5.4956]	4.4718 [-3.0647, 11.879]	9.3429 [7.2988, 11.3871]
OTHORIGIN	1.5961 [1.5848, 1.6074]	0.6274 [0.4893, 0.7655]	-1.0570 [-1.3861, -0.7278]	2.0847 [1.3545, 2.8149]

注：以上方括号中的置信区间均为95%。

适的可追溯信息属性的替代品。

根据 LCM 模型的计算结果，比较上述三个类别的消费者对可追溯猪后腿肉各属性层次的支付意愿可以发现，"价格敏感型"的消费者对追溯到养殖环节、追溯到屠宰加工环节、政府对可追溯信息的真实性进行认证这三个属性层次的支付意愿在三个类别的消费者中均是最低的，但这并不意味着这类消费者就不关注猪后腿肉的安全，事实上这类消费者对可追溯信息真实性的第三方认证和原产地属性的支付意愿高于"无差异型"的消费者。并且当可追溯信息的真实性尚未经过认证时，"价格敏感型"的消费者对本地产属性的支付意愿高于其对可追溯信息各属性层次的支付意愿。相比于其他两个类别的消费者，"可追溯偏好型"消费者对所有属性各层次的支付意愿均是最高的，说明这类消费者更加担忧当前的猪肉质量安全风险。相对而言，该类型的消费者认为可追溯信息属性及可追溯信息的真实性属性更有助于防范猪肉的质量安全风险。

五　结论分析与政策含义

本文对可追溯猪后腿肉设置了可追溯信息、可追溯信息真实性认证、价格、原产地四种属性及与属性相对应的层次，运用真实选择实验并结合随机参数与潜在类别模型的研究方法，考察了不同类别的消费者对可追溯猪后腿肉各属性与属性层次的偏好以及支付意愿。本文主要的研究结论有以下两点。

第一，在构成可追溯猪后腿肉的不同类别的属性与属性层次中，消费者对可追溯信息真实性政府认证属性的支付意愿最高，对本地产属性的支付意愿高于对可追溯信息属性的支付意愿，且追溯到屠宰加工环节的可追溯信息属性与本地产属性之间存在替代关系，与外地产属性之间存在互补关系。因此，将可追溯信息真实性认证属性与原产地属性纳入可追溯猪肉系统是可行的。

第二，生产属性相对完备的可追溯猪肉势必增加生产成本，并最终传导到价格上，消费者必须在可追溯的完备性与高价格之间进行权衡，收入、年龄、性别等方面的差异决定了消费者对猪后腿肉属性与属性层次的偏好必然具有群体的差异性，大致存在"价格敏感型"、"无差异型"以及"可追溯偏好型"三种不同类型的消费群体。这三种不同类别的消费者对本地产属性均有一定的支付意愿，且对本地产属性的支付意愿高于对无产地以及外地产属性的支付意愿，实证结果再次说明，具有事先预警功能的原产地属性应该成为可追溯猪肉的重要属性。与此同时，虽然受价格的影响，消费者对不同层次的猪肉的可追溯信息具有不同的偏好，但27.27%的消费者更偏好可追溯信息完整的猪肉。因此，在市场上同时供应不同层次的可追溯猪肉的条件已经具备。

　　本研究虽然以可追溯猪后腿肉为案例，但上述研究结论对可追溯食品市场体系的建设具有明确的政策含义。第一，不同层次的消费者对不同层次的可追溯食品的偏好具有差异性，受收入水平的影响，约有60%的消费者对可追溯猪后腿肉的价格较为敏感，故在中国建设可追溯食品市场应该循序渐进，政府只能是引导而不能强制干预，应尽可能发挥市场的决定性作用；第二，基于消费群体对可追溯食品需求的多样性，应鼓励生产者生产不同层次的可追溯食品，逐步推广可追溯食品，发展新兴食品市场，以满足不同层次的消费需求；第三，在可追溯食品市场体系的发展初期，在可追溯食品属性设置中引入原产地属性与可追溯信息真实性政府认证属性是可行的，既可以在一定程度上替代与补充可追溯信息属性，又有利于保护食品生产者的利益，激发生产者安全生产的内在动力。与此同时，鉴于目前可追溯食品市场上存在政府与市场同时失灵的现象，政府应该有效发展第三方认证机构，并努力规范食品安全认证市场，确保有序竞争。

参考文献

[1] Chern, W. S., Chang, C. Y., "Benefit Evaluation of the Country of Origin Labeling in Taiwan: Results from an Auction Experiment," *Food Policy*, 2012, 37 (5): 511 – 519.

[2] Hobbs, J. E., "Information Asymmetry and the Role of Traceability Systems," *Agribusiness*, 2004, 20 (4): 397 – 415.

[3] Loureiro, M. L., Umberger, W. J., " A Choice Experiment Model for Beef: What US Consumer Responses Tell Us about Relative Preferences for Food Safety, Country –

of – Origin Labeling and Traceability,” *Food Policy*, 2007, 32（4）：496 – 514.

［4］ Bolliger, C., Réviron, S., “Consumer Willingness to Pay for Swiss Chicken Meat: An in – store Survey to Link Stated and Revealed Buying Behaviour,” A Paper Presented at the 12th Congress of the European Association of Agricultural Economists, 2008.

［5］ Lancaster, K. J., “A New Approach to Consumer Theory,” *Journal of Political Economy*, 1996, 4（2）：132 – 157.

［6］ Nelson, P., “Information and Consumer Behavior,” *The Journal of Political Economy*, 1970：311 – 329.

［7］ Darby, M. R., Karni, E., “Free Competition and the Optimal Amount of Fraud,” *Journal of Law and Economics*, 1973, 6（8）：67 – 88.

［8］ Ubilava, D., Foster, K., “Quality Certification vs. Product Traceability: Consumer Preferences for Informational Attributes of Pork in Georgia,” *Food Policy*, 2009, 34（3）：305 – 310.

［9］ Ortega, D. L., Wang, H. H., Olynk Widmar, et al., Reprint of: “Chinese Producer Behavior: Aquaculture Farmers in Southern China,” *China Economic Review*, 2014.

［10］ Van Rijswijk, W., Frewer, L. J., Menozzi, D., et al., “Consumers’ Perceptions of Traceability: A Cross – national Comparison of the Associated Benefits,” *Food Quality and Preference*, 2008, 19（5）：452 – 464.

［11］ Galliano, D., Orozco, L., “The Determinants of Electronic Traceability Adoption: A Firm – level Analysis of French Agribusiness,” *Agribusiness*, 2011, 27（3）：379 – 397.

［12］ Abidoye, B. O., Bulut, H., Lawrence, J. D., et al., “US Consumers’ Valuation of Quality Attributes in Beef Products,” *Journal of Agricultural and Applied Economics*, 2011, 43（1）：1.

［13］ Zhang, C., Bai, J., Wahl, T. I., “Consumers’ Willingness to Pay for Traceable Pork, Milk, and Cooking Oil in Nanjing, China,” *Food Control*, 2012, 27（1）：21 – 28.

［14］ Van Rijswijk, W., Frewer, L. J., “Consumers’ Needs and Requirements for Food and Ingredient Traceability Information,” *International Journal of Consumer Studies*, 2012, 36（3）：282 – 290.

［15］ Bai, J., Zhang, C., Jiang, J., “The Role of Certificate Issuer on Consumers’ Willingness – to – Pay for Milk Traceability in China,” *Agricultural Economics*, 2013, 44

(4 - 5): 537 - 544.

[16] 吴林海、王红纱、刘晓琳:《可追溯猪肉:信息组合与消费者支付意愿》,《中国人口·资源与环境》2014 年第 4 期, 第 35 ~ 45 页。

[17] Wu, L., Xu, L., Gao, J., "The Acceptability of Certified Traceable Food among Chinese Consumers," *British Food Journal*, 2011, 113 (4): 519 - 534.

[18] Bu, F., Zhu, D., Wu, L. H., "Research on the Consumers' Willingness to Buy Traceable Pork with Different Quality Information: A Case Study of Consumers in Weifang, Shandong Province," *Asian Agricultural Research*, 2013, 5 (5): 121 - 124.

[19] Grunert, K. G., "What is in a Steak? A Cross - cultural Study on the Quality Perception of Beef," *Food Quality and Preference*, 1997, 8 (3): 157 - 174.

[20] Bernabéu R., Tendero, A., "Preference Structure for Lamb Meat Consumers: A Spanish Case Study," *Meat Science*, 2007, 71 (3): 464 - 470.

[21] Mennecke, B. E., Townsend, A. M., Hayes, D. J., et al., "A Study of the Factors that Influence Consumer Attitudes toward Beef Products Using the Conjoint Market Analysis Tool," *Journal of Animal Science*, 2007, 85 (10): 2639 - 2659.

[22] Skreli, E., Imami, D., "Analyzing Consumers' Preferences for Apple Attributes in Tirana, Albania," *International Food and Agribusiness Management Review*, 2012, 15 (4): 66 - 72.

[23] Tsakiridou, E., Mattas, K., Tsakiridou, H., et al., "Purchasing Fresh Produce on the Basis of Food Safety, Origin, and Traceability Labels," *Journal of Food Products Marketing*, 2011, 17 (2 - 3): 211 - 226.

[24] Verbeke, W., Ward, R. W., "Consumer Interest in Information Cues Denoting Quality, Traceability and Origin: An Application of Ordered Probit Models to Beef Labels," *Food Quality and Preference*, 2006, 17 (6): 453 - 467.

[25] Banterle, A., Stranieri, S., "Information, Labelling, and Vertical Coordination: An Analysis of the Italian Meat Supply Networks," *Agribusiness*, 2008, 24 (3): 320 - 331.

[26] Pouta, E., Heikkilä, J., Forsman - Hugg, et al., "Consumer Choice of Broiler Meat: The Effects of Country of Origin and Production Methods," *Food quality and preference*, 2010, 21 (5): 539 - 546.

[27] Chang, K. L., Xu, P., Underwood, K., et al., "Consumers' Willingness to Pay for Locally Produced Ground Beef: A Case Study of the Rural Northern Great Plains," *Journal of International Food & Agribusiness Marketing*, 2013, 25 (1): 42 - 67.

［28］Lim, K. H., Hu, W. Y., Maynard, L. J., et al., "A Taste for Safer Beef? How Much Does Consumers' Perceived Risk Influence Willingness to Pay for Country of Origin Labeled Beef," *Agribusiness*, 2014, 30 (1): 17 - 30.

［29］Verbeke, W., Roosen, J., "Market Differentiation Potential of Country - of - Origin, Quality and Traceability Labeling," *The Estey Centre Journal of International Law and Trade Policy*, 2009, 10 (1): 20 - 35.

［30］Loureiro, M. L., Umberger, W. J., "A Choice Experiment Model for Beef Attributes: What Consumer Preferences Tell us," Paper for American Agricultural Economics Association Annual Meetings, 2007, 8.

［31］Lusk, J. L., Coble, K. H., "Risk Perceptions, Risk Preference and Acceeptance of Risky Food," *American Journal of Agricultural Economics*, 2005, 87 (2): 393 - 405.

［32］孙世民、张媛媛、张健如：《基于 Logit - ISM 模型的养猪场（户）良好质量安全行为实施意愿影响因素的实证分析》，《中国农村经济》2012 年第 10 期，第24 ~ 36 页。

［33］吴秀敏：《养猪户采用安全兽药的意愿及其影响因素——基于四川省养猪户的实证分析》，《中国农村经济》2007 年第 9 期，第 17 ~ 24 页。

［34］董艳德：《规模养殖场防疫模式的建立》，《中国动物检疫》2010 年第 2 期，第25 ~ 26 页。

［35］刘军弟：《基于产业链视角的猪肉质量安全管理研究》，南京农业大学博士学位论文，2009。

［36］姜利红、潘迎捷、谢晶等：《基于 HACCP 的猪肉安全生产可追溯系统溯源信息的确定》，《中国食品学报》2009 年第 2 期，第 87 ~ 91 页。

［37］朱淀、蔡杰、王红纱：《消费者食品安全信息需求与支付意愿研究——基于可追溯猪肉不同层次安全信息的 BDM 机制研究》，《公共管理学报》2013 年第 3 期，第 129 ~ 136 页。

［38］Van Zyl, K., Vermeulen, H., Kirsten, J. F., "Determining South African Consumers' Willingness to Pay for Certified Karoo Lamb: An Application of an Experimental Auction," *Agrekon: Agricultural Economics Research, Policy and Practice in Southern Africa*, 2013, 52: 1 - 20.

［39］王志本：《我国传统名特优农产品的地理标志保护》，《农业经济问题》2005 年第 4 期，第 54 ~ 57 页。

［40］Wu, L. H., Bu, F., Zhu, D., "Analysis on Consumers' Willingness to Pay for Different Levels of Quality Safety Information of Traceable Pork," *Chinese Rural Econo-*

my, 2012, (10): 13 – 23.

[41] Yue, C., Tong, C., "Organic or Local? Investigating Consumer Preference for Fresh Produce Using a Choice Experiment with Real Economic Incentives," *Hort Science*, 2009, 44 (2): 366 – 371.

[42] Van Loo, E. J., Caputo, V., et al., "Consumers' Willingness to Pay for Organic Chicken Breast: Evidence from Choice Experiment," *Food Quality and Preference*, 2011, 22 (7): 603 – 613.

[43] Gracia, A., Loureiro, M. L., Navga, R. M., "Are Valuations from Nonhypothetical Choice Experiments Different From Those of Experimental Auctions?" *American Journal of Agricultural Economics*, 2011, 93 (5): 1358 – 1373.

[44] Jaeger, S. R., Lusk, J. L., House, L. O., et al., "The Use of Non – hypothetical Experimental Markets for Measuring the Acceptance of Genetically Modified Foods," *Food Quality and Preference*, 2004, 15 (7): 701 – 714.

[45] Rossi, P. E., McCulloch, R. E., Allenby, G. M., "The Value of Purchase History Data in Target Marketing," *Marketing Science*, 1996, 15 (4): 321 – 340.

[46] Adamowicz, W., Boxall, P., Williams, M., et al., "Stated Preference Approaches for Measuring Passive Use Values: Choice Experiments and Contingent Valuation," *American Journal of Agricultural Economics*, 1996, 80 (1): 64 – 75.

[47] Ben – Akiva, M. E., Lerman, S. R., *Discrete Choice Analysis: Theory and Application to Travel Demand*, MIT press, 1985.

[48] Hu, W., Veeman, M. M., Adamowicz, W. L., "Labelling Genetically Modified Food: Heterogeneous Consumer Preferences and the Value of Information," *Canadian Journal of Agricultural Economics*, 2005, 53 (1): 83 – 102.

[49] Ouma, E., Abdulai, A., Drucker, A., "Measuring Heterogeneous Preferences for Cattle Traits among Cattle – keeping Households in East Africa," *American Journal of Agricultural Economics*, 2007, 89 (4): 1005 – 1019.

[50] Krinsky, I., Robb, A. L., "On Approximating the Statistical Properties of Elasticities," *The Review of Economics and Statistics*, 1986, 68 (4): 715 – 719.

企业投资食品可追溯体系的意愿与水平研究*

山丽杰　徐玲玲　吴林海　朱　淀**

摘　要：在目前食品安全事件频发的背景之下，本文以郑州市 88 家不同类型的食品生产企业为案例，采用带罚函数的二元 Logistic 回归模型与 Interval Censored 回归模型，分别研究与比较了食品生产企业对可追溯体系的投资意愿与投资水平的主要影响因素。研究结果表明，影响食品生产企业对可追溯体系投资意愿的主要因素是销售规模、质量认证情况、预期收益、政府政策优惠情况、企业管理者的年龄和受教育程度，而影响企业投资水平的主要因素是行业特征、企业的销售规模、投资的预期收益和政府的优惠政策。

关键词：食品可追溯体系　投资意愿　投资水平　带罚函数的二元 Logistic 回归模型　Interval Censored 回归模型

一　引言

随着"疯牛病"等食品安全问题的爆发，世界各地的消费者、食品企业和政府越来越关注食品质量与安全问题[1]。对食品供应链上各环节的主体进行有效监管的需求不断增强，食品可追溯体系作为食品安全管理的有

---

　*　国家自然基金项目（编号：71073069）；高等学校博士学科点专项科研基金资助课题（编号：20110093110007）；教育部 2012 年人文社会科学项目（编号：12XJJC790003）。

**　山丽杰（1978～），女，河北任丘人，副教授，研究方向为食品安全管理；徐玲玲（1981～），女，江苏扬州人，副教授，研究方向为农业经济；吴林海（1962～），男，江苏江阴人，教授、博士生导师，研究方向为农业经济；朱淀（1973～），男，江苏苏州人，讲师，研究方向为产业经济学。

效工具，被越来越广泛地应用于食品领域[2]。

尽管目前相关国家对食品可追溯体系的概念界定或理解尚不完全一致，但一般认为食品可追溯体系是指在供应链上形成可靠且连续的信息流，使食品具备可追溯性，以监控食品的生产过程与流向，必要时实施召回，因而具有确保食品安全的基本功能[3]。欧盟、美国、日本等国家和地区已在21世纪初相继实施了食品可追溯体系[1]，并且将动物性食品列为优先发展可追溯体系的领域[4]。欧盟国家则从2005年1月1日起规定在市场上销售的所有食品都必须具备可追溯功能。借鉴发达国家的经验，中国从2000年开始探索性地建设食品可追溯体系。例如，2004年山东省的两个蔬菜生产基地使用条形码追溯蔬菜的生产和销售情况[5]。2007年北京为确保奥运会期间的食品安全，将可追溯体系作为一种关键的手段，并鼓励消费者和生产者反馈意见[6~8]。2008年，天津建立了一个在线系统，以追溯蔬菜的生产与销售情况。目前，中国的食品可追溯体系主要由政府推动，由企业自愿实施，主要局限于少数城市，且食品类别有限（主要是猪肉和蔬菜）[9]，普及率有待进一步提高[10~11]。并且，中国薄弱的食品可追溯体系建设已影响到中国农产品的出口[12]。因此，加强食品可追溯体系建设、提升食品质量安全和提高农产品在全球市场上的竞争力对于中国极为重要。

基于上述研究背景，本文尝试性地组合运用带罚函数的 Logistic 回归分析模型与 Interval Censored 回归分析方法，以中国河南省郑州市的食品生产企业为调查案例，分析食品生产企业对可追溯体系的投资意愿和投资水平的主要影响因素。研究发现，影响企业对可追溯体系投资意愿的主要因素是销售规模、质量认证情况、预期收益、政府政策优惠情况、企业管理者的年龄和受教育程度，而影响投资水平的主要因素是行业特征、销售规模、预期收益和优惠政策。上述这些研究结论，在现有研究中国食品质量安全的文献中鲜有出现，富有新意，能为中国政府采取有效措施激励食品生产企业建立可追溯体系提供决策依据。

本文第二部分是文献综述；第三部分为样本选择和问卷设计；第四部分为研究样本的统计性描述；第五和第六部分利用带罚函数的 Logistic 回归模型和 Interval Censored 回归分析方法，研究影响食品生产企业对可追溯体系的投资意愿与投资水平的主要因素；第七部分为结论与政策建议。

二　文献综述

国内外学者尤其是国外学者对影响企业实施食品可追溯体系的主要因素展开了大量的先驱性研究，然而大部分都集中于对农产品生产农户的实证研究。例如，Liao 等对中国台湾的果蔬农场主进行了调查，结果表明，政府推行的可追溯计划和越来越严格的农残检测是推动农场主实施可追溯体系的主要因素[13]。目前，国内外学者主要通过实证方法研究影响企业实施食品可追溯体系的主要因素[10,14]。综合梳理现有的研究文献可发现，生产可追溯食品的预期收益、企业的内外部因素和企业管理者的特征等是影响企业实施食品可追溯体系的主要因素。

与普通食品生产相比，企业实施食品可追溯体系需要依靠信息技术，构建收集、记录和标识可追溯信息的技术体系，建立数据库与传递系统等，因而必然需要增加相应的生产成本[9,15]。食品可追溯体系的层次越高，提供安全信任属性的信息越全面，投入成本就越高[16]。部分学者研究认为，食品质量管理体系的应用主要取决于企业运用该体系后的净收益[16~17]。当食品生产企业认为投资实施可追溯体系能够获得现实或潜在的收益时，就有实施可追溯体系的动力[18]。如果消费者愿意为可追溯食品支付额外的价格，或者通过可追溯体系可以减少食品安全风险和低成本地召回有安全隐患的食品，则食品生产企业更愿意实施可追溯体系[19]。可以认为，生产可追溯食品的预期收益，是影响企业实施食品可追溯体系的内在根本性因素[20]。

目前国内外文献较为一致地认为，影响企业对食品可追溯体系的投资意愿与投资水平的内部因素主要是食品企业的销售规模。姜启军等研究发现，市场因素是影响企业实施可追溯体系的主要因素之一[21]。销售规模影响企业对可追溯体系的投资行为[22]。Mora 等支持实施可追溯体系的收益随着企业规模的扩大而增加的观点[23]。Galliano 和 Roux 研究认为，可以将职工人数作为衡量企业规模的重要变量[24]。Wang 等研究发现，中国从业人数较多的水产品加工企业更愿意投资实施可追溯体系[25]。Sodano 和 Verneau 对意大利番茄加工企业的调查表明，企业实施可追溯体系的收益随着企业从业人数的增加而相应增加[22]。从业人数达到边际规模的企业相对更容易发现实施可追溯体系的潜在利益，因此投资可追溯体系的意愿更强，投资水平也更高。Mora 和 Menozzi、Banterle 等对意大利牛肉加工企业的调查发现，执行食品安全质量认证体系可降低企业投资可追溯体系的成本[17,23]。Banterle 和 Stranieri、徐玲玲等的研究认为，相比未执行任何质量认证体系的食品企业，已经执行了某些质量认证体系的企业投资可追溯体系的成本更低，具有更强的投资意愿[26~27]。

在对外部因素的研究上，国内外学者认为影响企业对食品可追溯体系的投资意愿与投资水平的主要因素可以归纳为：食品企业在食品供应链体系中的垂直一体化程度。Banterle 等对意大利肉制品加工供应链上的 32 个加工企业样本问卷的分析表明，供应链垂直一体化的程度和水平影响了可追溯体系的成本，特别是对小型食品生产企业的影响更大，垂直一体化程度越高的企业实施可追溯体系的成本越低，其投资意愿越强，投资水平越高[23]。Mora 和 Menozzi 认为，垂直一体化关系中的零售商对食品可追溯的要求是促使食品生产企业实施可追溯体系的重要因素[17]。Galliano 和 Orozco 调查了法国肉品、水果、蔬菜、乳品、饮料等有机食品行业的 871 家企业，结果显示，不同行业的食品生产企业采用可追溯体系的概率不同，在安全风险较高的行业，大多数企业已实施可追溯体系[28]。相对于饮料和烟草制造业而言，农副产品加工业和食品制造业的企业更倾向于投资可追溯体系[29]。Moises 和 Brian 认为政府强制性要求企业实施可追溯制度不一定会带来更安全的食品，并且增加了生产者的成本，削弱了其实施意愿[30]。Glynn 等在考察和研究澳大利亚的牛肉产业后发现，可追溯体系成功推广的重要原因是政府的资金支持[31]。政府的资金以及技术支持会极大地影响企业实施可追溯体系的成本与积极性[18]。

现有的研究文献还进一步指出，食品企业的管理者特征也是影响企业对食品可追溯体系的投资意愿与投资水平的相关因素。不同年龄、学历和性别的食品企业管理者对新事物的接受能力、创新性和投资魄力等不同，进而会影响投资决策[3]。山丽杰等对食品加工企业实施可追溯体系行为的研究结果表明，管理者年龄越大的企业越不愿意投资实施可追溯体系。在愿意投资的企业中，管理者学历较高的企业的投资水平相对较高[29]。

上述国内外研究成果为本文奠定了重要的基础。

三 调查问卷设计与统计性描述

（一） 样本选择

河南省是中国重要的商品粮基地和食品生产大省。而郑州市是河南省的第一大城市，食品工业的产业规模大，2011 年食品工业增加值达到 180 亿元，在中国的中西部诸城市中列第一位。郑州市食品工业门类齐全，涵盖农副产品加工业、食品制造业、饮料制造业和烟草制造业四大行业，而且郑州市食品工业在中国率先探索可追溯体系建设。因此，以郑州市食品生产企业为案例的研究具有现实基础。

（二） 问卷设计与调查方法

在展开相关文献综述和理论研究的基础上，结合研究的主题设计调查问卷，并且进行了预调查，依据预调查的情况进一步修正问卷。调查确定样本企业数量为 100 家，约占郑州市在工商局登记的食品工业企业总数的 5%。按照郑州市工业和信息化委员会公布的 2011 年食品工业企业销售收入的排序随机选择样本。整个调查在 2012 年 4 ~ 5 月进行，共收回有效问卷 88 份，回收率为 88%。

（三） 调查样本的统计描述

1. 样本的垂直一体化程度比较高

在 88 家被调查的食品企业中，约占 47.7% 的 42 家企业从生产农户那里直接购买原材料，占 40.9% 的 36 家企业与相关农户（企业）签订产品收购（购买）合同。另外，43 家企业并不直接使用农产品做原料，而是与食品中间环节的生产厂家签署长期收购协议。

2. 普遍展开了食品质量认证工作

有 74 家食品生产企业展开了产品质量认证工作，其中分别有 32 家、

18 家和 53 家企业通过了有机食品认证、绿色食品认证、无公害农产品认证。

3. 样本特征与郑州市食品工业的总体状况具有较好的拟合度

从企业主营业务所属行业看，分别有 39 家、7 家、17 家和 25 家企业的行业特征属于粮食和粮食制品行业、乳及乳制品行业、饮料制造业、肉制品行业。从从业人数的角度来分析，分别有 73 家、6 家、9 家企业的从业人数为 500 人以下、500 ~ 1000 人、1000 人以上。从销售规模来分析，分别有 53 家、15 家、10 家和 10 家企业的销售规模为 1 亿元以下、1 亿 ~ 3 亿元、3 亿 ~ 5 亿元、5 亿元以上。上述被调查企业的主要构成与郑州市食品工业企业的总体情况大体上吻合，说明样本的选择较为合理。

4. 企业管理者学历呈正态分布

本调查所称管理者专指企业总经理。在 88 家被调查的企业中，管理者的学历呈现明显的梯次，拥有初中及以下、高中（包括中等职业）、大专或本科、硕士或博士研究生学历的管理者占被调查企业管理者的比例分别为 1.1%、10.2%、81.8%、6.8%。管理者的平均年龄为 34.16 岁。在被调查者中，男性有 40 人，占 45.5%。

5. 企业对实施可追溯体系的收益预期

对企业而言，现实或潜在的收益是驱使其投资实施可追溯体系的最关键动力。调查结果显示，80.7% 的企业管理者认为将企业目前生产的食品全部改为可追溯食品能够增加销售量，且有 46.6%、39.8%、13.6% 的企业管理者认为企业增加的年销售额将可能达到 1 万 ~ 50 万元、51 万 ~ 500 万元、500 万元以上。可见，大部分企业认可实施可追溯体系能够进一步扩大市场规模，并增加企业的销售额。被访企业中分别有 49.1%、31.5%、8.8%、5.3% 和 5.3% 的企业选择为 [1%，10%]、(10%，20%]、(20%，30%]、(30%，40%] 和 40% 以上的投资水平。可见，尽管大部分企业愿意投资实施可追溯体系，但投资水平有限。

6. 企业对可追溯体系的投资意愿与投资水平

问卷调查结果显示，如果政府强制性要求企业实施食品可追溯体系，则被调查企业的管理者不愿意实施可追溯体系的比例占 94.3%。相反，如果政府没有强制性要求，则企业的实施意愿变化明显，愿意实施可追溯体系的管理者比例为 69.3%。可见，政府是否强制性实施可追溯体系对企业的投资意愿影响较大。

7. 企业实施可追溯体系所能获得的优惠政策

政府部门采取技术支持等措施能够激励企业实施可追溯体系。调查结果显示，绝大多数企业得到了政府的政策支持，约 81% 的企业获得过郑州市政府有关部门组织的技术培训。

四　实证分析

（一）企业投资意愿主要影响因素的带罚函数的 Logistic 回归分析

1. 模型构建

中国企业投资可追溯体系的预期净报酬（V）由预期总收益扣除可追溯体系的直接成本与交易成本所得。Mastern 和 Saussier 提出以下离散选择模型[32]：

$$V_i = BX_i + \xi_i \tag{1}$$

$$Y_i = \begin{cases} 1, & if\ V_i > 0 \\ 0, & if\ V_i \leqslant 0 \end{cases} \tag{2}$$

X_i 为影响企业投资可追溯体系（V_i）因素的向量，B 为待估参数向量，ξ_i 为误差。尽管 V_i 难以被观测，但是存在可以观测的代理变量，如企业投资实施可追溯体系的意愿。这是因为企业被假定是理性的，如果 $V_i > 0$，企业应有意愿投资可追溯体系（$Y_i = 1$），反之则 $Y_i = 0$。Souza Monteiro 将第 i 个企业的离散选择定义为[3]：

$$\text{Prob}(Y_i = 1) = \text{Prob}(\xi_i > - BX_i) = 1 - F(- BX_i) \tag{3}$$

如果假设误差项累积分布函数为二元 Logistic 分布，则满足：

$$\text{Prob}(Y_i = 1) = [1 + \exp(- BX_i)] - 1 \tag{4}$$

根据前文分析，对 X_i 的具体设定见表 1。表 1 中 $X_1 \sim X_{13}$ 为自变量。其中，$X_1 \sim X_3$ 为企业管理者特征；X_4 为企业的销售规模；X_5 为企业的从业人员数量；X_6 为企业通过的质量认证；X_7 代表企业的垂直一体化程度；$X_8 \sim X_{11}$ 代表企业的行业特征；X_{12} 代表政府的优惠政策；X_{13} 代表企业实施可追溯体系的预期收益。

表 1　变量定义与样本统计

变　量	变量定义与赋值	平均值	标准差
实施意愿（Y）	企业是否愿意投资实施食品可追溯体系（是 = 1，否 = 0）	0.69	0.464
投资水平（YY_i）	企业愿意为实施可追溯体系追加的额外投资水平（ [1%，10%] = 1，（10%，20%] = 2，（20%，30%] = 3，（30%，40%] = 4，（40%，+∞] = 5）	1.72	1.120
性别（X_1）	虚拟变量，男 = 1，女 = 0	0.45	0.5001
学历（X_2）	虚拟变量，大专及以上 = 1，否则为 0	0.32	0.886
年龄（X_3）	虚拟变量，年龄大于 40 岁 = 1，否则为 0	0.47	0.318
销售规模（X_4）	虚拟变量，如果企业产品销售额为 3000 万元及以上则取值为 1，在 3000 万元以下则取值为 0	0.49	0.398
从业人员数量（X_5）	虚拟变量，企业员工数量在 500 人以上取值为 1，否则取值为 0	0.38	0.171
质量认证（X_6）	虚拟变量，企业建立了认证体系取值为 1，否则为 0	0.48	0.364
垂直一体化程度（X_7）	虚拟变量，企业与农户签订农产品收购合同取值为 1，否则取值为 0	0.41	0.409
行业特征 1（X_8）	虚拟变量，如果企业生产食品的主要类型为粮食和粮食制品则取值为 1，否则取值为 0	0.44	0.500
行业特征 2（X_9）	虚拟变量，如果企业生产食品的主要类型为乳及乳制品则取值为 1，否则取值为 0	0.08	0.272
行业特征 3（X_{10}）	虚拟变量，如果企业生产食品的主要类型为饮料则取值为 1，否则取值为 0	0.19	0.397
行业特征 4（X_{11}）	虚拟变量，如果企业生产食品的主要类型为肉及肉制品则取值为 1，否则取值为 0	0.28	0.454
政府优惠政策（X_{12}）	虚拟变量，有优惠政策 = 1，无优惠政策 = 0	0.39	0.818
预期收益（X_{13}）	虚拟变量，认为投资实施可追溯体系能够获得现实或潜在收益则取值为 1，否则取值为 0	0.81	0.397

（1）二元 Logistic 模型

由于 MLE 具有一致性、渐近正态以及渐近有效等特点，所以在式（4）参数估计中 MLE 极为盛行。根据式（4），相应的对数似然函数与得分方程分别为：

$$\ln L = \sum_{i=1}^{n} \left[Y_i \ln \Lambda_i - (1 - Y_i) \ln(1 - \Lambda_i) \right] \tag{5}$$

$$U(B_r) = \partial \ln L / \partial \ln B_r = \sum_{i=1}^{n} \left[(Y_i - \Lambda_i) X_{ir} \right] \quad (r = 0,1,2,\cdots,11) \tag{6}$$

式（6）可以通过 Newton – Raphson（N – R）迭代法给出参数解。在小样本容量的情形下，直接根据式（6）估算参数将存在两个问题。一是 MLE 存在向下偏误，这是 MLE 共有的问题。Bartlett 首次证实单变量 MLE 存在 $1/n$ 阶偏误[33]，Shenton 和 Wallington 把 $1/n$ 阶偏误由单变量扩展至多变量[34]，Cordeiro 和 McCullagh 给出了广义线性模型的 $1/n$ 阶偏误[35]。在小样本容量情况下，上述偏误较大，不容忽略。二是分离问题，这是 Logistic 模型特有的问题。Santner 和 Duffy 提出，当 Logistic 模型满足完全分离（Complete Separation）条件时①，似然值为零；当 Logistic 模型满足准分离（Quasicomplete Separation）条件时②，尽管似然值不为零，但协方差矩阵将是无界的（至少有一个参数是无界的），即趋向于无穷；只有当 Logistic 模型满足重叠（Overlap）条件时③，似然值才存在且唯一[36]。如果存在分离问题，则 Logistic 模型的迭代将失败。目前尚未有标准的检验方法检测分离状态，只有在迭代过程中才能发现。本文利用 Matlab（R2009a）对式（6）做 N – R 迭代发现：$-2\ln L$ 在 32.6869 处收敛；参数中除 BX_4 方差在 1.2643 处收敛外，其他变量均无界，由此可以判断本文的 Logistic 模型满足准分离条件，从而无法给出迭代解。

（2）添加罚函数的 Logistic 模型

为了消除小样本导致的偏差，Firth 建议在对数似然函数中添加罚函数[37]。Heinze 和 Schemper 进一步发展了 Firth 的方法[38]，令：

---

① 完全分离条件是指当 $Y_i = 1$ 时，$BX_i > 0$；当 $Y_i = 2$ 时，$BX < 0$。

② 准分离条件是指当 $Y_i = 1$ 时，$BX_i \geq 0$；当 $Y_i = 2$ 时，$BX_i \leq 0$。

③ 不满足完全分离条件与准分离条件。

$$\ln L^* = \ln L + 1/2\ln \mid I(B) \mid \tag{7}$$

式（7）中 $I(B)$ 为信息矩阵，$\mid I(B) \mid$ 为信息矩阵的行列式。相应的得分方程为：

$$U(B_r)^* = U(B_r) + 1/2\text{trace}\{I(B) - 1[\partial I(B)/\partial B_r]\}(r = 0,1,2,\cdots,11) \tag{8}$$

由于 MLE 存在向下偏误，Firth 证明加上罚函数的似然函数可以修正 $1/n$ 阶偏误[37]，Heinze 和 Schemper 认为添加罚函数的作用并不局限于此，它还可以消除分离问题[38]。这是因为添加罚函数相当于对 Y_i 与 $(1 - Y_i)$ 赋予了权重。具体而言，根据式（6）与式（8），可将得分方程改写为：

$$U(Br)^* = \sum_{i=1}^{n} \left[Y_i - \Lambda_i + h_i(1/2 - \Lambda_i) \right] X_{ir}$$

$$= \sum_{i=1}^{n} \left[(Y_i - \Lambda_i)(1 + h_i/2) + (1 - Y_i - \Lambda_i)h_i/2 \right] X_{ir}(r = 0,1,2,\cdots,11) \tag{9}$$

式（9）中的 h_i 为 $H = W^{1/2}X (X'WX) X'W^{1/2}$ 的第 i 个主对角元素，其中 X 为自变量矩阵，$W = diag [\Lambda_i (1 - \Lambda_i)]$。从式（9）中可以看出，由于对 Y_i 与 $(1 - Y_i)$ 分别施加了 $1 + h_i/2$ 与 $h_i/2$ 的权重，从而消除了分离状态①。正如下文即将看到的，带罚函数的 Logistic 模型对原本迭代失败的模型进行了修正并给出了估算结果。

2. 计量结果与分析

对于式（9）的参数解，本文采用 N - R 迭代方法，迭代方程为：$B^{(s+1)} = B^{(s)} + I^{-1} [B^{(s)}] U [B^{(s)}]^*$，其中 S 为第 S 次迭代。借助于 Matlab（R2009a）分析工具，相关的参数估计结果如表 2 所示。

表 2　影响全体样本企业投资可追溯体系意愿模型结果

	B	Penalized LR	P - value	O. R.
X_1	- 0. 3267	1. 5366	0. 2151	0. 7213
X_2	1. 6943	3. 8484	0. 0498	5. 4428
X_3	- 2. 1388	4. 1158	0. 0425	0. 1178

---

① Heinze 和 Schemper（2002）指出，添加罚函数后依然存在多重共线性等风险。

续表

	B	Penalized LR	P – value	O. R.
X_4	1. 5966	3. 8839	0. 0488	4. 9362
X_5	0. 918	2. 2556	0. 1331	2. 5043
X_6	1. 6503	4. 6421	0. 0312	5. 2085
X_7	0. 0064	0. 9563	0. 3281	1. 0064
X_8	− 0. 7819	2. 3954	0. 1217	0. 4575
X_9	0. 076	0. 3011	0. 5832	1. 0790
X_{10}	− 0. 8315	1. 3944	0. 2377	0. 4354
X_{11}	− 0. 454	1. 6644	0. 1970	0. 6351
X_{12}	2. 3148	12. 0892	0. 0005	10. 1229
X_{13}	2. 1883	3. 9045	0. 0482	8. 9200
Constant	− 0. 372	0. 4638	0. 4959	0. 6894

注：Penalized LR $= 37. 0815$，Pseudo $R^2 = 0. 7614$。

在解释变量中，食品企业管理者的学历与年龄、企业的销售规模、质量认证、可追溯食品生产的预期收益在 5% 的水平上显著；政府的优惠政策在 1% 的水平上显著。其中，年龄的 O. R. （Odds Ratio）小于 1，表明年龄在 40 岁以下的企业管理者的优势比（Odds）显著低于参照组。学历、销售规模、质量认证、预期收益和优惠政策的 O. R. 大于 1，表明学历高的管理者相对于学历低的管理者，销售规模大的企业相对于销售规模小的企业，执行了食品安全质量认证体系的企业相对于未执行的企业，预期消费者有更高的支付意愿的企业相对于预期较低的企业，得到政府优惠政策的企业相对于未得到政府优惠政策的企业，其投资生产可追溯食品的意愿更强。

（二）企业投资水平主要影响因素的 Interval Censored 回归分析

1. 模型构建

定义因变量为企业对可追溯体系的投资水平（YY_i），同样受行业特征、管理者特征、预期收益和外部环境等因素的共同影响。因此，建立如下计量模型：

$$YY_i = f(X_1, X_2, X_3, X_4, X_5, X_6, X_7, X_8, X_9, X_{10}, X_{11}, X_{12}, X_{13}) \tag{10}$$

其中，如果愿意投资的水平为［1%，10%］，则 $YY_i = 1$；以此类推，如果愿意投资的水平为（10%，20%］、（20%，30%］、（30%，40%］、（40%， $+\infty$］，则对应的 $YY_i = 2$、3、4、5。 $X_1 \sim X_{13}$ 为自变量，与前述 Logistic 模型的自变量一致。

考虑到因变量为大于零的区间散失型变量，因此本文选取了 e 指数函数，并运用 Interval Censored 回归模型进行参数估计。假设：

$$YY_i^* = e^{\sum_{j=1}^n \beta_j x_j + \varepsilon_i} \tag{11}$$

式（11）中 X_j 是自变量，β_j 是回归系数，ε_i 是具有零均值和常数方差（σ_2）的随机误差项，且在个体间独立一致分布。

对每个愿意投资实施可追溯体系的样本，可以得到投资水平的上限（L）和下限（U）。根据式（11），企业选择范围［L，U］的概率为：

$$P(L \le YY_i^* \le U) = P(L \le e^{\sum_{j=1}^n \beta_j x_j + \varepsilon_i} \le U) = P[\ln(L) - \sum_{j=1}^n \beta_j x_j \le \varepsilon_i \le \ln(U) - \sum_{j=1}^n \beta_j x_j]。$$

假设随机误差项服从零均值和常数方差（σ_2）的正态分布，所选择的投资水平在［L_j，U_j］范围的概率为：

$$P(L \le YY_i^* \le U) = \varphi\left(\frac{\ln(U) - \sum_{j=1}^n \beta_j x_j}{\sigma}\right) - \varphi\left(\frac{\ln(L) - \sum_{j=1}^n \beta_j x_j}{\sigma}\right) \tag{12}$$

$\varphi(\cdot)$ 为标准正态分布函数。

2. 计量结果与分析

应用 LIMDEP 9.0 分析工具，并通过极大似然估计获得回归系数 β 的估计值以及误差项的标准差 σ。Interval Censored 模型的回归结果（见表 3）表明，行业特征为肉及肉制品加工业、销售规模、政府优惠政策和预期收益显著影响企业对可追溯体系的投资水平，其他变量则均不显著。

进一步分析，在愿意投资实施可追溯体系的企业中，肉及肉制品加工企业和政府优惠政策在 5% 的水平上显著，销售规模和预期收益在 1% 的水平上显著。这说明政府有优惠政策相对于政府没有优惠政策，肉及肉制品加工企业相对于其他行业的企业，对可追溯体系的投资水平较高。产品销

售额在 3000 万元及以上的企业相对于销售额低于 3000 万元的企业，预期
消费者有更高的支付意愿的企业相对于预期较低的企业，对可追溯体系的
投资水平更高。

表 3　Interval Censored 模型回归结果

自变量	系数	标准差	t – ratio
X_1	– 0. 078	0. 181	– 0. 433
X_2	0. 215	0. 138	1. 557
X_3	– 0. 162	0. 110	– 1. 472
X_4	0. 538 ***	0. 176	3. 053
X_5	0. 186	0. 147	1. 267
X_6	0. 074	0. 264	0. 282
X_7	0. 120	0. 237	0. 505
X_8	0. 069	0. 210	0. 327
X_9	0. 128	0. 106	1. 202
X_{10}	0. 158	0. 109	1. 441
X_{11}	0. 308 **	0. 154	1. 998
X_{12}	0. 363 **	0. 155	2. 342
X_{13}	0. 325 ***	0. 113	2. 870
Constant	– 2. 858 ***	0. 271	– 10. 545
s σ	0. 573 ***	0. 067	8. 510
Log Likelihood Function	– 146. 820		

注：**表示在 5% 水平上显著；***表示在 1% 水平上显著。

五　结论与政策建议

基于上述模型分析，可以得出如下主要结论：影响食品生产企业对可
追溯体系的投资意愿的主要因素是销售规模、质量认证情况、预期收益、
政府政策优惠情况、企业管理者的学历和年龄，而影响企业对可追溯体系
的投资水平的主要因素是特定的行业特征（属于肉及肉制品加工业）以及
销售规模、投资的预期收益和优惠政策。显然，影响企业对可追溯体系的
投资意愿与投资水平的因素既有共性，又不尽相同。

第一，管理者年龄越小的食品生产企业越愿意投资实施可追溯体系。这不难理解，因为年龄相对大的管理者更为保守，而年轻的管理者更注重创新和改革。管理者学历较高的企业对可追溯体系的实施意愿更强，这可能是因为学历较高的管理者更关注实施食品可追溯体系的中长期收益，更着眼于通过提高食品生产的安全水平以增强企业竞争力。上述结论与Souza Monteiro的研究高度类似[3]。但企业管理者的学历、年龄对投资水平并没有影响，说明企业食品安全生产的社会责任不能够自发形成。

第二，行业特征对企业投资实施可追溯体系的意愿没有显著影响，这与Galliano和Orozco的研究结果[28]相反，可能与中国的特殊国情相关。在中国食品行业的主体是中小企业，食品市场的覆盖面有限，在政府没有制度安排的背景下，投资意愿难以自发形成。但在愿意投资的食品生产企业中，与粮食与粮食制品业、乳及乳制品行业、饮料制造业的企业相比，肉与肉制品行业的食品生产企业具有相对较高的投资水平。虽然与粮食与粮食制品业、饮料制造业等行业相比，中国的乳及乳制品行业也具有较高的安全风险，但郑州市并未在该领域出现食品安全事件，却在本次调查前的2011年3月发生了轰动全国的"瘦肉精"事件。郑州市形成了肉与肉制品加工业的企业群，这些企业具有更高的投资水平是符合客观实际的。虽然本结论可能与调查地与调查样本的特点有一定的关联，但食品安全风险相对较高的行业具有更高的投资水平这一结论在中国是成立的。

第三，企业的销售规模对企业的投资意愿与投资水平影响显著，这一结论与姜启军等的研究结果[21]相似。与小型企业相比，大中型食品企业实施可追溯体系具有资金、技术等方面的优势，更具备实施的相应基础。本文得出的进一步结论是，与投资意愿相比，销售规模对企业的投资水平的影响更为显著。这可能是因为，销售规模大的企业实施可追溯体系的成本低于小型企业，相应的收益也大于小规模企业。

第四，企业以追求利益最大化为基本目标。结论显示，企业投资实施可追溯体系的预期收益对投资意愿的影响在5%的水平下显著，对投资水平的影响在1%的水平下显著，对投资意愿的影响大于对投资水平的影响，这与Wu等的研究结果相似[20]，再次证实了现实和潜在收益决定了食品企业的行为。

　　第五，政府的优惠政策显著影响企业的投资意愿和投资水平，但对投资意愿的影响大于对投资水平的影响。这可能是因为，政府的支持政策可能通过技术指导、成本补贴等方式降低企业实施可追溯体系的难度，从而显著提高投资意愿。但投资意愿能否转化为投资水平，还取决于企业自身的特征。这与 Glynn 等的研究结果相似[31]。

　　上述研究结论所表明的政策含义已非常清晰。其要点是：①政府部门和企业应当通过各种宣传方式提高消费者对食品可追溯体系的认知水平，合理引导消费者逐步增强对可追溯食品的支付意愿和提高支付水平，增加企业投资实施可追溯体系的直接预期收益；②企业管理者对企业的发展方向和路径起着至关重要的作用，但安全生产的社会责任不能够自发形成，政府必须强化引导；③在现阶段的中国，对食品可追溯体系的投资意愿难以完全自发形成，投资意愿也难以直接转化为投资水平，政府应对企业实施食品可追溯体系予以技术指导和生产成本补贴，以降低其成本，并优先支持行业安全风险较大的食品生产企业。

参考文献

［1］ Shi Zheng, Pei Xu, Zhigang Wang, Shunfeng Song, "Willingness to Pay for Traceable Pork: Evidence from Beijing, China," *China Agricultural Economic Review*, 2012, 4 (2): 200 – 215.

［2］ Ruiz – Garcia, G., Steinberger, M. Rothmund, "A Model and Prototype Implementation for Tracking and Tracing Agricultural Batch Products along the Food Chain," *Food Control*, 2010, 21 (2): 112 – 121.

［3］ Souza Monteiro, D. M., "Theoretical and Empirical Analysis of the Economics of Traceability Adoption in Food Supply Chains," U. S. : The Graduate School of the University of Massachusetts Amherst, 2007: 12 – 20.

［4］ Fernandez – Ibanez, V., Fearn, T., Soldado, A., de la Roza – Delgado, "Development and Validation of Near Infrared Microscopy Spectral Libraries of Ingredients in Animal Feed as a First Step to Adopting Traceability and Authenticity as Guarantors of Food Safety," *Food Chemistry*, 2010, 121 (3): 871 – 877.

［5］ Yu, G., "Construction of Traceability System for Agricultural Products," *Column of*

Agricultural Product Quality Safety, 2008 (6): 16 – 17.

[6] Hu, D., "Improve Traceability System of Agricultural Food and Strengthen Food Safety," *China Agriculture Information*, 2007 (3): 8 – 9.

[7] Zhao, Q., Chen, Y., "Analysis of Consumers' Purchase of Traceable Food: An Example from Consumers in Haidian District, Beijing," *Technology Economics*, 2009 (1): 53 – 56.

[8] Lin, J., Zeng, Q., "Application of Food Traceability System," *Modern Food Science and Technology*, 2006 (4): 47 – 52.

[9] 吴林海、徐玲玲、王晓丽:《影响消费者对可追溯食品额外价格支付意愿与支付水平的主要因素》,《中国农村经济》2010 年第 4 期, 第 77 ~ 86 页。

[10] Schulz, L. L., Tonsor, G. T., "Cow – Calf Producer Preferences for Voluntary Traceability Systems," *Journal of Agricultural Economics*, 2010, 61 (1): 185 – 197.

[11] Linhai, W., Lingling, X., Jian, G., "The Acceptability of Certified Traceable Food among Chinese Consumers," *British Food Journal*, 2011, 133 (4): 519 – 534.

[12] Zhou, L., Liu, M., "Research Summarization of Food Traceability System," *Grain and Oil*, 2008 (7): 45 – 47.

[13] PeiAn Liao, Hung – hao Chang, Chun – yen Chang, "Why is the Food Tracea Bility system Su, Ccessful in Taiwan? Empirical Evidence from a National Survey of Fruit and Vegetable Farmers," *Food Policy*, 2011, 36 (5): 686 – 693.

[14] 杨秋红、吴秀敏:《农产品生产加工企业建立可追溯系统的意愿及其影响因素》,《农业技术经济》2009 年第 2 期, 第 69 ~ 77 页。

[15] Miranda, P. M., Meuwissen, Annet, G. J., Velthuis, Henk Hogeveen and Ruud, B. M., Huirne, "Traceability and Certification in Meat Supply Chains," *Journal of Agribusiness*, 2003, 21 (2): 167 – 181.

[16] Caswell, J. A., Bredahl, M. E., Hooker, N. H., "How Quality Management Metasystems are Affecting the Food Industry," *Review of Agricultural Economics*, 1998, 20 (2): 547 – 557.

[17] Banterle, A., Stranieri, S., Baldi, L., "Voluntary Traceability and Transaction Costs: An Empirical Analysis in the Italian Meat Processing Supply Chain," Germany: 99th European Seminar of the EAAE: Trust and Risk in Business Networks, 2006: 69 – 78.

[18] Golan, E. B., Krissoff, F., Kuchler, K., "Traceability in the U. S. Food Supply: Economic Theory and Industry Studies," USA: U. S. Department of Agriculture, E-

conomic Research Service, Agricultural Economic Report No. 830, 2004：56 – 65.

[19] Petit, R. G., "Traceability in the Food Animal Industry and Supermarket Chains," *Scientific and Technical Review*, 2001（20）：584 – 597.

[20] 吴林海、蒋力：《影响企业食品可追溯体系投资意愿的主要因素分析》，《预测》2012 年第 7 期，第 48～55 页。

[21] 姜启军、余从田、熊振海：《食用农产品企业实行质量可追溯体系的决策行为分析》，《中国渔业经济》2011 年第 4 期，第 58～63 页。

[22] Sodano, V., Verneau, F., "Traceability and Food Safety：Public Choice and Private Incentives," Italy：Quality Assurance Risk management and Environmental Control in Agriculture and Food Supply Networks, 2004：112 – 130.

[23] Mora, C., Menozzi, D., "Vertical Contractual Relations in the Italian Beef Supply Chain," *Agribusiness*, 2005, 21（3）：213 – 235.

[24] Galliano, D., Roux, P., "Organizational Motives and Spatial Effects in Internet Adoption and Intensity of Use：Evidence from French Industrial Firms," *The Annuals of Regional Science*, 2008（42）：425 – 448.

[25] Wang, F., Fu, Z., Mu, W., et al., "Adoption of Traceability System in Chinese Fishery Process Enterprises：Difficulties, Incentives and Performance," *Journal of Food, Agriculture & Environment*, 2009, 7（2）：64 – 69.

[26] Banterle, A., Stranieri, S., "The Consequences of Voluntary Traceability System for Supply Chain Relationships：An Application of Transaction Cost Economics," *Food Policy*, 2008, 33（6）：560 – 569.

[27] 徐玲玲、山丽杰、吴林海：《农产品可追溯体系的感知与参与行为的实证研究：苹果种植户的案例》，《财贸研究》2011 年第 5 期，第 34～40 页。

[28] Galliano, D., Orozco, L., "The Determinants of Electronic Traceability Adoption：A Firm – Level Analysis of French Agribusiness," *Agribusiness*, 2011, 27（3）：379 – 397.

[29] 山丽杰、吴林海、徐玲玲：《企业实施食品可追溯体系的投资意愿与投入水平研究》，《华南农业大学学报》（社会科学版）2011 年第 4 期，第 65～72 页。

[30] Moises, A. Resende – Filhoa, Brian, L. Buhr, "Economics of Traceability for Mitigation of Food Recall Costs," USA：International Association of Agricultural Economists（IAAE）Triennial Conference, 2012：126.

[31] Glynn, T., Ted, T., Schroeder, C., "Livestock Identification：Lessons for the U. S. Beef Industry from the Australian System," *Journal of International Food & Agribusi-*

ness Marketing, 2006, 18 (3/4): 48 – 59.

[32] Mastern, S. E., Saussier, S., "Econometrics of Contracts: An Assessment of Developments in the Empirical Literature of Contracting," *Revued' Economie Industrielle*, 2000, 92: 215 – 237.

[33] Bartlett, M., "Approximate Confidence Intervals: More than one Unknown Parameter," *Biometrika*, 1953, 40 (3 – 4): 306 – 319.

[34] Shenton, L., Wallington, P., "The Bias of Moment Estimators with an Application to the Negative Binomial Distribution," *Biometrika*, 1962, 49 (1 – 2): 193 – 210.

[35] Cordeiro, G., McCullagh, P., "Bias Correction in Generalized Linear Models," *Journal of the Royal Statistical Society, Series B (Methodological)*, 1991, 53 (3): 629 – 643.

[36] Santner, T., Duffy, D., "A Note on A. Albert and J. A. Anderson's Conditions for the Existence of Maximum Likelihood Estimates in Logistic Regression Models," *Biometrika*, 1986, 73 (3): 755 – 770.

[37] Firth, D., "Bias Reduction of Maximum Likelihood Estimates," *Biometrika*, 1993, 80 (1): 27 – 39.

[38] Heinze, G., Schemper, M., "A Solution to the Problem of Separation in Logistic Regression," *Statistics in medicine*, 2002, 21 (16): 2409 – 2419.

品牌、认证与消费者信任形成机制

——以有机牛奶为例*

王小楠　尹世久**

摘　要： 以"三聚氰胺事件"为代表的食品安全事件，沉重打击了消费者对乳制品质量安全的信心，消费者对"洋品牌"乳品开始表现出较为强烈乃至非理性的偏好。品牌和认证是供应商传递食品质量信息的有效手段，探究消费者对中外品牌或认证是否存在不同信任倾向，具有重要的现实应用价值。本文基于山东省570个消费者样本数据，探究消费者对中国牛奶、欧盟品牌牛奶和经过认证的有机牛奶的信任倾向，并运用结构方程模型分析消费者信任的形成机制及其差异。结果表明，消费者的个体特征、感知价值、有机食品知识及行业环境对消费者信任产生显著正向影响，而食品安全意识和信息交流对信任的影响较为复杂；消费者对中国牛奶、欧盟品牌牛奶和经过认证的有机牛奶的信任存在差异，且其形成机制也略有不同。提升公众的消费信心，应着力于推动有机知识的宣传普及、增加消费者体验以及强化行业监管，并根据消费者的信任差异制定相应策略，从而提升消费者的信任水平，完善中国有机牛奶产业的发展决策。

关键词： 品牌　有机认证　消费者信任　结构方程模型

一　引言

食品安全问题是世界性难题，发展中国家更是饱受困扰[1]。由于正处

---

*　国家社会科学基金重大项目"食品安全风险社会共治研究"（编号：14ZDA069）；国家自然科学基金项目"消费者多源信任融合模型及政策应用研究"（编号：71203122）。

**　王小楠（1990～），女，山东莱州人，曲阜师范大学食品安全治理政策研究中心硕士研究生，研究方向为食品安全管理；尹世久（1977～），男，山东日照人，曲阜师范大学食品安全治理政策研究中心教授，研究方向为食品安全管理。

于社会转型期，我国的食品安全问题尤为严峻。以"三聚氰胺事件"为开端屡屡曝出的行业性丑闻，使乳品行业成为食品安全风险的重灾区[2]。我国消费者对"洋品牌"乳品开始表现出较为强烈乃至非理性的偏好[3]。"洋品牌"不仅改变了国内婴幼儿乳粉市场的格局，而且开始抢滩液态奶市场。实际上，品牌作为消费者购买决策中的重要"搜寻属性"[4]，在消费者食品选择中的重要作用已被诸多经验研究证实[5]。

应该客观地指出，我国政府质检部门对国内乳品企业的监管与监测已非常严格，但信息不对称引致的市场失灵，极大地制约着消费者信任的重建[6]。相对于供应商，消费者对独立的第三方认证机构往往更加信任[7]。因此，以有机认证为代表的第三方认证在西方国家已成为缓解食品质量信息不对称问题、提升食品安全水平的重要政策工具[8]，也有望成为重振我国消费者信心的有效渠道[9]。

基于上述分析，比较消费者对中外品牌及中外认证有机牛奶的信任倾向及其形成机制，对探明重振消费者信心的可行途径，可望具有较好的参考价值。鉴于此，本文以牛奶为例，基于山东省 570 个消费者样本数据，比较消费者对中欧不同品牌牛奶和经过认证的有机牛奶的信任倾向，进而采用结构方程模型（Structural Equation Model，SEM）探究影响消费者信任的主要因素，可望为重振消费者信心提供参考。

二　研究假设与变量设置

（一）研究假设

经验研究表明，消费者信任受到众多因素的复杂影响。概括起来，主要涵盖如下 5 个方面[10]：①以个体为基础的信任，即个人愿意或不愿意信任他人的倾向，属于个人的人格特征[11]；②以认知为基础的信任，即基于个人印象、态度或价值观等形成的信任[12]；③以知识为基础的信任，是指由于具有交易对象的知识，信任者可以预测对方的行为[13]；④以制度为基础的信任，是指保证、安全及其他制度性结构的存在，使个体觉得可以获得某种保障[14]；⑤以计算为基础的信任，即基于经济效益与交易经验分析现存的关系，评估对方是否值得信任[13]。

我国的有机食品市场尚处于初级阶段，消费者的购买经验相对缺乏，以计算为基础的信任难以建立，经验数据的可获得性也难以保证。因此，本文重点关注以个体为基础的信任、以认知为基础的信任、以知识为基础的信任和以制度为基础的信任，进而基于文献研究，将影响消费者信任的因素归结为个体特征、食品安全意识、感知价值、有机食品知识、信息交流以及行业环境。其中，个体特征形成以个体为基础的信任，食品安全意识和感知价值形成以认知为基础的信任，有机食品知识和信息交流形成以知识为基础的信任，行业环境则形成以制度为基础的信任。

1. 个体特征与消费者信任

经验研究表明，诸如年龄、学历等个体特征变量会不同程度地影响个体的心理过程与态度倾向，从而影响消费者信任[15]。一些学者比较了个体特征对消费者食品安全信心的影响。例如，De Jonge 等认为学历等个体特征显著影响消费者对食品安全的信心[16]；卢菲菲等验证了年龄、收入等个体特征对消费者食品安全信心的影响[17]；尹世久等研究发现年龄与学历等显著影响消费者对安全认证食品的信任评价[18]。因此，本文提出如下假设：

H₁：个体特征显著影响消费者对有机牛奶的信任。

2. 食品安全意识与消费者信任

相关研究证实，食品安全意识与消费者食品安全信心显著正相关[19~20]。刘艳秋等的研究结果表明，消费者的安全意识显著影响其对 QS 认证的信任[14]，尹世久等研究表明，食品安全意识对消费者对有机食品的信任存在正向影响[18]。那些有着更强食品安全意识的消费者可能会更怀疑常规食品的安全性从而倾向于信任有机食品[21~22]。因此，本文提出如下假设：

H₂：食品安全意识正向影响消费者信任。

3. 感知价值与消费者信任

信任受口味、外观等感知价值的影响显著[23]。De Jonge 等认为，消费者的感知价值影响其对有机食品的信任[16]。作为一种主观心理状态表述的消费者信任评价，很容易受到感知价值的影响。因此，本文提出如下假设：

H₃：感知价值对消费者信任存在显著影响。

4. 有机食品知识与消费者信任

知识的获取与评价被认为是影响消费者心理活动与决策过程的重要因素[24]，信任以认知为基础并随知识的积累而增强[25]。王二朋等认为，认证知识是影响消费者对认证蔬菜的信任的重要因素[26]。尹世久等验证了产品知识对信任的积极影响[18]。因此，本文提出如下假设：

H₄：有机食品知识对消费者信任有积极影响。

5. 信息交流与消费者信任

信任是对所提供信息可信赖性的感知[27]，信息交流能够促进消费者信任的形成[28]。周应恒等研究发现，消费者对食品安全的总体评价与其对相关食品信息的掌握程度有关[29]。当消费者的产品信息交流水平较高时，会更加客观真实地评价产品。因此，本文提出如下假设：

H₅：信息交流对消费者信任产生积极影响。

6. 行业环境与消费者信任

行业环境的规范会促使消费者信任的形成。行业环境越规范、可信度越高，越有利于消费者信任的建立[30]。因此，本文提出如下假设：

H₆：行业环境影响消费者对有机牛奶的信任。

根据以上研究假设，本文建立如图1所示的消费者信任形成机制的理论假设模型。

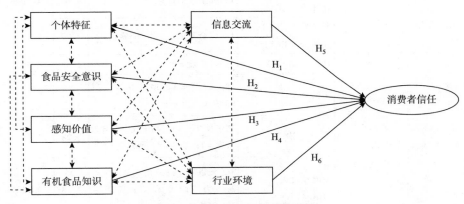

图1 消费者信任理论假设模型

（二）变量设置与描述

在实际调研中分别采用了来自中国和欧洲的两个现实品牌作为中外知名品牌的代表，为避免广告和侵权嫌疑，本文分别采用"CNB"和"EUB"来指代中、欧品牌，而用右下标"CNO"和"EUO"表示该产品所获取的中国有机认证或欧盟有机认证。

基于图 1 的假设模型，本文共设置 21 个变量，力求涵盖相关变量的全面信息（见表 1）。在采用量表研究消费者态度的文献中，运用 5 级量表相对比较普遍，但使用较长量表（如 7 级量表）测度消费者态度的趋势逐渐明显[31]。在结构方程模型分析中，如果要使用李克特量表（Likert Scale），最好使用 6 级或 7 级量表，以减少数据过度偏态的现象[32]。因此，本文凡涉及消费者态度的变量，皆借鉴 Urena[33]、Ortega[34] 等学者的做法，采用 7 级李克特量表进行测度，而对消费者有机食品知识变量的测度，则根据被调查者了解或识别的有机标识数量进行客观判断。变量的具体描述如表 1 所示。

表 1　变量设置与描述

潜变量		观测变量	取　值	均值	标准差
消费者信任（TRUST）		对牛奶 CNB_{CNO} 的信任评价（CCT）	1 = 完全不信任；7 = 非常信任	4.45	1.55
		对牛奶 CNB_{EUO} 的信任评价（CET）	1 = 完全不信任；7 = 非常信任	4.76	1.54
		对牛奶 EUB_{CNO} 的信任评价（ECT）	1 = 完全不信任；7 = 非常信任	4.81	1.50
		对牛奶 EUB_{EUO} 的信任评价（EET）	1 = 完全不信任；7 = 非常信任	4.97	1.63
以个体为基础的信任	个体特征（SELF）	性别（GEND）	男 = 1；女 = 2	1.55	0.50
		年龄（AGE）	18 ~ 29 岁 = 1；30 ~ 59 岁 = 2；60 岁及以上 = 3	1.57	0.52
		学历（EDU）	初中及以下 = 1；高中或中专 = 2；大专 = 3；本科 = 4；研究生 = 5	3.28	1.01
		家庭年收入（INCM）	3 万元以下 = 1；3 万 ~ 5 万元 = 2；5 万 ~ 10 万元 = 3；10 万 ~ 20 万元 = 4；20 万元以上 = 5	2.78	0.90

续表

潜变量		观测变量	取　值	均值	标准差
以认知为基础的信任	食品安全意识（AWARE）	对食品质量安全的担忧程度（WORR）	1 = 完全不担忧；7 = 非常担忧	5.82	1.47
		对食品安全事件的关心程度（CARE）	1 = 完全不关心；7 = 非常关心	5.54	1.45
		消费不安全食品的危害（HARM）	1 = 非常小；7 = 非常大	5.44	1.47
	感知价值（FEEL）	有机牛奶是否美味（TAS）	1 = 很不美味；7 = 非常美味	5.07	1.68
		食用有机牛奶是否明智（WIS）	1 = 很不明智；7 = 非常明智	5.06	1.36
		食用有机牛奶的感觉（FEEL）	1 = 很不好；7 = 非常好	4.82	1.28
以知识为基础的信任	有机食品知识（KNOW）	见过的有机标识数量（SEE）	1 = 0 个；2 = 1 个；3 = 2 个；4 = 3 个；5 = 4 个及以上	2.27	0.76
		能正确识别的有机标识数量（KNOW）	1 = 0 个；2 = 1 个；3 = 2 个；4 = 3 个；5 = 4 个及以上	1.88	0.77
	信息交流（INFORM）	对有机信息的关心程度（CAR）	1 = 完全不关心；7 = 非常关心	4.23	1.60
		获取有机信息的努力程度（HAR）	1 = 完全不努力；7 = 非常努力	3.72	1.75
		搜集有机信息的主动性（INI）	1 = 完全不主动；7 = 非常主动	3.99	1.77
以制度为基础的信任	行业环境（ENVIR）	政府食品安全监管效果（SUP）	1 = 效果很差；7 = 非常有效	3.85	1.35
		有机生产标准的严格程度（STA）	1 = 完全不严格；7 = 非常严格	4.72	1.64

三　调查基本情况

（一）数据来源

本文所用数据来自对山东省东部（青岛、日照）、中部（济南、淄博）、西部（菏泽、枣庄）6 个城市 570 个消费者的问卷调查。山东省位于东部沿海地区，属于经济相对发达的地区，且其东、中、西部经济发展存在显著差异，可大致视为我国经济发展不均衡状态的缩影。

2014 年 11 月，在山东省日照市银座超市及附近商业区采取便利抽样法选取 105 个被调查者进行预调研，共回收有效问卷 102 份，对问卷进行信度和效度分析，剔除不恰当的问卷项目或进行调整。2015 年 1 ~ 2 月，在上述 6 个城市利用调整后的调查问卷展开正式调研。调查通过面对面直接访谈的方式进行，并约定以进入视线的第三个消费者作为采访对象，以提高样本选取的随机性[35]。共发放问卷 600 份（每个城市约 100 份），回收有效问卷 570 份，有效回收率为 95%。受访者的基本统计特征如表 2 所示。

表 2　样本个体特征描述

分类指标		样本数	比例（%）	分类指标		样本数	比例（%）
性别	男	255	44.7	年龄	18 ~ 29 岁	249	43.7
	女	315	55.3		30 ~ 59 岁	315	55.3
学历	初中及以下	37	6.5		60 岁及以上	6	1.0
	高中或中专	96	16.8	家庭年收入	3 万元以下	42	7.3
	大专	136	23.9		3 万 ~ 5 万元	164	28.8
	本科	273	47.9		5 万 ~ 10 万元	262	46.0
	研究生	28	4.9		10 万 ~ 20 万元	83	14.6
—	—	—	—		20 万元以上	19	3.3

（二）消费者信任评价的描述性统计

表 3 所示的消费者对上述 4 种牛奶信任评价的调查统计结果表明，消费者对有机牛奶的信任均值（TRUST）为 4.75。消费者对上述 4 种有机牛奶的信任评价存在一定差异，信任均值的排序为：EET ＞ ECT ＞ CET ＞ CCT。进一步采用相依样本的 T 检验法对消费者的信任均值进行分析，结果显示，4 种信任均值间存在显著差异（P 值均低于 0.01）。

表 3　消费者对有机牛奶信任的调查结果

项　目	CCT	CET	ECT	EET	TRUST
均值	4.45	4.76	4.81	4.97	4.75
标准差	1.55	1.54	1.50	1.63	1.51
均值标准误差	0.29	0.32	0.42	0.47	0.31

　　为比较消费者对上述 4 种牛奶的信任倾向，基于表 3 的数据，将消费者的信任评价归结为表 4 所示的 4 种类型：一是对中国品牌的信任（CBT），其取值为 CCT 与 CET 的均值；二是对欧盟品牌的信任（EBT），其取值为 ECT 与 EET 的均值；三是对中国有机认证的信任（COT），其取值为 CCT 与 ECT 的均值；四是对欧盟有机认证的信任（EOT），其取值为 CET 与 EET 的均值。对均值间差异进行相依样本的 T 检验，结果显示，消费者对中、欧品牌的信任均值（CBT 与 EBT）存在显著差异（$T = 42.1542$，$P = 0.0012$），对中、欧有机认证的信任均值（COT 与 EOT）也存在显著差异（$T = 31.4571$，$P = 0.0071$）。

　　表 4 数据显示，消费者对欧盟品牌（EUB）的信任均值（EBT）与对欧盟认证（EUO）的信任均值（EOT）分别为 4.89 和 4.87，要高于对中国品牌（CNB）的信任均值（CBT）与对中国认证（CNO）的信任均值（COT），后者分别为 4.61 和 4.63，说明品牌和有机认证皆存在显著的来源国效应，也与众多来源国效应研究得到的"与不发达国家的产品相比，来自发达国家的产品总是会更加受欢迎"的结论相一致[36]。此外，"三聚氰胺事件"等乳制品行业频发的食品安全危机，沉重打击了公众对国内乳品的消费信心[37]，加剧了消费者的"崇洋媚外"心理。

表 4　消费者对中、欧品牌和中、欧有机认证的信任评价

项　目	CBT	EBT	COT	EOT
均值	4.61	4.89	4.63	4.87
标准差	1.55	1.57	1.54	1.59
均值标准误差	0.31	0.45	0.37	0.44

四　模型设定与分析结果

（一）模型选择

本文研究的消费者信任属于个体主观认识，具有难以直接观测的特征。结构方程模型是基于变量的协方差矩阵来分析变量之间关系的一种统计方法。相对于传统统计方法不能妥善处理潜变量的缺陷，结构方程模型能够同时处理潜变量及其指标，为人们研究难以直接测量的变量间关系提供了科学的分析工具[38]。因此，本文运用结构方程模型探究消费者信任的形成机制。

结构方程模型包括测量模型和结构模型，前者反映潜变量和可测变量间的关系，后者反映潜变量间的结构关系。结构方程模型一般由 3 个矩阵方程式代表：

$$\eta = \beta\eta + \Gamma\xi + \zeta \tag{1}$$

$$X = \Lambda_x\xi + \delta \tag{2}$$

$$Y = \Lambda_y\eta + \varepsilon \tag{3}$$

方程（1）为结构模型，η 为内生潜变量，ξ 为外源潜变量，η 通过 β 和 Γ 系数矩阵以及误差向量 ζ 把内生潜变量和外源潜变量联系起来，β 为内生潜变量间的关系，Γ 为外源潜变量对内生潜变量的影响，ζ 为结构方程的残差项，反映了方程中未能被解释的部分。方程（2）和方程（3）为测量模型，X 为外源潜变量的可测变量，Y 为内生潜变量的可测变量，Λ_x 为外源潜变量与其可测变量的关联系数矩阵，Λ_y 为内生潜变量与其可测变量的关联系数矩阵，δ 为外源指标 X 的误差项，ε 为内生指标 Y 的误差项，通过测量模型，潜变量可以由可测变量来反映。

（二）探索性因子分析

本文运用 SPSS 20.0 软件对样本数据进行因子分析的适当性检验。结果显示，KMO 值为 0.701（理想值为 1，可接受值为 0.6），Bartlett 球型检验的近似卡方值为 2882.288，显著性水平小于 0.01，拒绝零假设，表明原始变量间有共同因素存在，适合使用因子分析法。因子旋转后载荷矩阵如表 5 所示，抽取出的 6 个因子共解释 74.271% 的方差（大于常用基准值 70%），各指标在对应因子的负载（以黑体显示，均大于 0.6）远大于在其他因子的交叉负载（均小于 0.4），显示各指标能有效地反映其对应因子，最终得到 15 个变量（见表 5）。

表 5　因子旋转后载荷矩阵数值

成分	因子 1	因子 2	因子 3	因子 4	因子 5	因子 6
GEND	0.096	0.102	- 0.070	- 0.085	- 0.085	0.000
AGE	0.096	0.396	- 0.142	- 0.196	- 0.377	- 0.072
EDU	- 0.125	0.002	0.035	0.046	**0.884**	- 0.047
INCM	0.047	0.073	- 0.088	- 0.010	**0.779**	- 0.039
WORR	- 0.019	**0.802**	0.191	0.146	0.001	- 0.043
CARE	0.195	**0.769**	0.050	- 0.014	- 0.062	- 0.026
HARM	0.082	**0.739**	0.192	0.013	0.091	0.095
TAS	0.042	0.192	**0.690**	0.028	0.043	0.070
WIS	0.069	0.067	**0.803**	0.060	0.021	0.022
FEEL	0.281	0.137	**0.770**	0.028	- 0.065	0.082
SEE	- 0.009	0.023	0.083	**0.920**	- 0.009	0.037
KNOW	- 0.014	0.089	0.032	**0.915**	0.091	0.044
CAR	**0.785**	0.197	0.173	- 0.091	- 0.073	- 0.036
HAR	**0.860**	0.021	0.073	- 0.034	- 0.048	0.077
INI	**0.821**	0.070	0.100	0.089	0.004	0.078
SUP	0.069	- 0.072	0.042	0.009	- 0.094	**0.899**
STA	0.047	0.088	0.115	0.069	0.031	**0.893**

（三）信度与效度检验

运用 SPSS 20.0 软件对归纳出的 6 个公因子进行信度检验，结果如表 6 所示。个体特征（SELF）、食品安全意识（AWARE）、感知价值（FEEL）、有机食品知识（KNOW）、信息交流（INFORM）、行业环境（ENVIR）的克伦巴赫系数 α 分别为 0.715、0.734、0.682、0.892、0.801、0.786，表明变量之间的内部一致性较好。

表 6　模型所涉指标的信度和结构效度检验

项　目	指标数目	克伦巴赫系数 α	公因子数	方差贡献率（%）
WHOLE	15	0.723	—	—
SELF	2	0.715	1	68.160
AWARE	3	0.734	1	65.401
FEEL	3	0.682	1	62.433
KNOW	2	0.892	1	90.254
INFORM	3	0.801	1	71.598
ENVIR	2	0.786	1	83.003

（四）研究假设检验与讨论

1. 模型拟合与适配度检验

消费者信任模型和问卷数据拟合的各项评价指标达到理想状态，模型整体拟合性较好，因果模型与实际调查数据契合，路径分析假设模型有效（见表 7）。

表 7　结构方程模型整体拟合度评价标准及拟合评价结果

指数名称		评价标准	拟合值					拟合评价
			TRUST	CBT	EBT	COT	EOT	
χ^2/df		<3.00	2.66	1.74	1.83	1.67	1.84	理想
绝对拟合指标	GFI	>0.90	0.94	0.93	0.94	0.94	0.94	理想
	RMSEA	<0.06	0.048	0.048	0.051	0.045	0.051	理想
	AGFI	>0.90	0.91	0.90	0.91	0.90	0.90	理想
相对拟合指标	NFI	>0.90	0.92	0.91	0.91	0.91	0.91	理想
	IFI	>0.90	0.96	0.92	0.96	0.96	0.96	理想
	NNFI	>0.90	0.91	0.92	0.94	0.93	0.93	理想
	CFI	>0.90	0.96	0.92	0.96	0.95	0.96	理想

注：拟合优度指数（Goodness of Fit Index，GFI）；近似误差均方根（Root Mean Square Error of Approximation，RMSEA）；调整拟合优度（Adjust Goodness of Fit Index，AGFI）；标准拟合指数（Normed Fit Index，NFI）；增值拟合指数（Incremental Fit Index，IFI）；非标准化拟合指数（Non - normed Fit Index，NNFI）；比较拟合指数（Comparative Fit Index，CFI）。

2. 假设检验与讨论

本文首先运用 LISREL 8.70 软件对上述所有信任评价的总体均值

（TRUST）进行实证分析，再分别对中、欧两种品牌牛奶的信任（CBT、EBT）和中、欧两种有机认证的信任（COT、EOT）进行分析，得到消费者信任模型的实证检验结果（见表8）以及模型的路径系数图（见图2）①。

表8　模型估计结果

变量名称	路径系数及 T 值	H_1	H_2	H_3	H_4	H_5	H_6
TRUST	路径系数	0.30 ***	− 0.20 **	0.22 **	0.27 ***	− 0.21 **	0.15 *
	T 值	4.83	− 2.90	2.80	4.50	− 2.94	2.40
CBT	路径系数	0.24 **	− 0.16 **	0.11	0.23 **	− 0.11	0.21 **
	T 值	3.12	− 2.71	1.68	2.85	− 1.63	2.91
EBT	路径系数	0.30 ***	0.15 *	0.17 *	0.28 ***	0.20 **	0.15 *
	T 值	4.41	2.12	2.06	4.44	2.68	2.50
COT	路径系数	0.25 **	− 0.20 **	0.11	0.24 **	− 0.11	0.20 **
	T 值	3.20	− 2.87	1.42	2.90	− 1.35	2.83
EOT	路径系数	0.32 ***	0.16 *	0.19 *	0.30 ***	0.17 *	0.13 *
	T 值	4.75	2.31	2.37	4.55	2.43	2.05

注：*、**、***分别表示在10%、5%和1%的水平上显著。

根据表8与模型的路径系数图，假设检验结果与讨论如下。

第一，在消费者信任（TRUST）的影响因素中，个体特征（SELF）的标准化系数最大（0.30）且在1%的水平上显著为正值，表明对 TRUST 产生显著正向影响，假设1得到证实。模型的路径系数图表明，EDU 对 TRUST 有显著正向作用，可能是由于学历高的消费者愿意尝试新事物且接受新事物的意识较强；INCM 对 TRUST 有显著正向影响，其原因可能在于高收入阶层拥有较强的支付能力且对食品安全要求更高，更愿意相信"高价质优"。这与国内学者卢菲菲[17]、尹世久等[18]及国外学者 De Jonge[16]的研究结论相似。

对 CBT、EBT、COT、EOT 的进一步数据分析表明，EDU 和 INCM 对 EBT 和 EOT 的影响显著程度超过其对 CBT 和 COT 的影响显著程度，说明

---

① 限于篇幅，对中、欧两种品牌牛奶的信任（CBT、EBT）和对中、欧两种有机认证的信任（COT、EOT）的具体路径系数图从略，如有需要可向笔者索取。

受教育程度和收入水平更高的消费者，更加偏爱欧盟品牌或欧盟认证的食品。国内屡次发生的食品安全丑闻，更是沉重地打击了消费者对国内品牌或国内认证的信心，高学历者或者高收入者对这类信息可能更为关注，因此也在一定程度上加深了 EDU 和 INCM 对 EBT 和 EOT 的影响程度。

第二，食品安全意识（AWARE）与消费者信任（TRUST）之间的标准化路径系数为 -0.20，且在 5% 的水平上显著。这与前文提出的食品安全意识对消费者信任产生正向影响的假设 2 恰好相反，也与任燕等[19]和 Torjusen 等[39]研究得出的食品安全意识与消费者信任间关系的结论相悖。原因可能在于，具有一定食品安全意识的消费者会更倾向于信任有机食品，但当食品安全意识达到较高水平时，消费者会开始怀疑有机食品的真实性与安全性，因而对信任产生负向影响[2]。

食品安全意识（AWARE）与 CBT 和 COT 之间的路径系数显著为负，而与 EBT 和 EOT 之间的路径系数显著为正。影响方向相反的原因可能在于，那些食品安全意识更高的消费者，更容易关注或知晓国内品牌或国内认证牛奶（食品）的负面信息，因而会降低对国内品牌和国内认证的信任（CBT 和 COT），基于替代效应，更容易产生"崇洋媚外"心理（更高的 EBT 和 EOT）。

第三，对 TRUST 数据的分析结果表明，消费者感知价值（FEEL）的标准化系数为 0.22，且 FEEL 对 TRUST 在 5% 的水平上产生显著正向影响，假设 3 得到证实。由此可知，消费者对有机牛奶的感知价值评价越高，对有机牛奶就会越认可。这与 De Jonge 等[16]关于感知价值与信任关系的研究结论相吻合。

进一步分析表明，FEEL 对 EBT 和 EOT 的影响显著，而对 CBT 和 COT 并没有产生显著影响。影响显著性不同的原因可能在于，消费者对欧盟品牌或认证的有机牛奶接触较少，涉入程度与认知水平相对较低，更多依赖于味道等感知价值进行评价；而消费者对国内品牌或国内认证牛奶的接触相对较多，可通过其他途径对有机牛奶进行信任评价，降低了 FEEL 的影响。

第四，消费者的有机食品知识（KNOW）对 TRUST 在 1% 的水平上具有显著正向作用，标准化路径系数为 0.27，假设 4 得到证实。现阶段我国消费者的有机食品知识有限，对有机牛奶的有效认知可以降低信息不对称程度，克服外界信息干扰造成的不信任问题，增强消费者信任。这与国内学者王二朋等[26]及国外学者 Siegrist 等[25]关于消费者的产品知识水平有助于提升信任的研究结论相似。

进一步分析表明，KNOW 对 EBT 和 EOT 的影响显著程度超过其对 CBT 和 COT 的影响显著程度。随着消费者有机食品知识水平的提升，其会更主动获取欧盟品牌或国外认证等产品相关知识，这与现阶段我国消费者有机食品知识尤其是国外有机认证知识相对匮乏有关。

第五，信息交流（INFORM）对 TRUST 在 5% 的水平上具有负向作用，标准化路径系数为 - 0.21，与假设 5 不一致，也与周应恒等[29]和 De Krom[28]等关于信息交流会增强消费者信任的研究结论不一致。一般而言，促进信息交流能够提升消费者对有机食品的认识，降低消费者与供应商之间的信息不对称程度，从而提升消费者信任。但由于虚假认证与投机行为在我国有机食品市场大量存在的客观现状[18]，消费者借助信息交流，可能会了解到更多关于有机食品的负面信息，从而对有机食品产生怀疑和顾虑，反而降低信任程度。

进一步分析表明，INFORM 与 CBT 和 COT 之间的路径系数显著为负，而与 EBT 和 EOT 之间的路径系数显著为正。影响方向相反的原因可能在于，我国消费者对欧盟品牌或欧盟认证的有机牛奶普遍接触较少，获取的

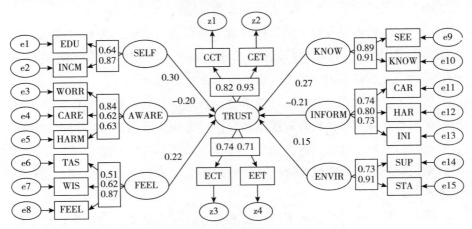

图 2　模型路径系数

信息有限且接触到的信息多为正面信息，因而信息交流能提升信任；而消费者对国内品牌或国内认证的有机牛奶普遍接触较多，且接触到的负面信息较多，因而对信任产生了负向影响。

第六，行业环境（ENVIR）与 TRUST 在 10% 的水平上显著正相关，标准化路径系数为 0.15。表明政府对有机食品行业的监管越规范，对有机生产的标准越严格，消费者对有机食品的认可程度就会越高，假设 6 得到验证，这与国内学者吕婧等[40]及国外学者 Moellering 等[30]关于行业环境与信任关系的研究结论吻合。

进一步的分类分析表明，ENVIR 对 CBT 或 COT 及 EBT 或 EOT 均为正向影响，但对中国品牌或认证的影响程度高于对欧盟品牌或认证的影响程度。影响显著性不同的原因可能在于，国内消费者对欧盟品牌或认证的牛奶行业环境的了解有限，对欧盟行业环境的感知较弱；而消费者直接面对国内品牌或认证的行业环境，对行业环境的变化更为敏感，从而更易做出回应。

五　主要结论与建议

本文基于山东省 6 个城市的 570 个消费者样本数据，研究了消费者对中、欧品牌和中、欧认证有机牛奶的信任倾向，进而运用结构方程模型探究了消费者信任的形成机制，主要得出如下结论。

第一，消费者对有机牛奶总体较为信任，且对欧盟品牌和欧盟认证的信任高于对国内品牌和国内认证的信任。品牌联合与认证合作等多种方式，有助于提升我国国内品牌与认证的消费者信任。

第二，受教育程度和收入对消费者信任影响显著。随着我国经济高速增长，消费者收入和受教育程度不断提高，有望给我国有机牛奶市场带来有利影响。感知价值、有机食品知识及行业环境均为影响消费者信任的重要因素，政府与厂商应注意通过多种方式加大对有机食品的宣传，增加消费者的有机知识。

第三，行业环境对消费者信任影响显著，而食品安全意识和信息交流对消费者信任有复杂影响。应注意正确引导公众，采取合理方式促进信息交流，尤其是要通过优化行业环境来提升消费者信任，从而促进有机食品市场持续发展。

参考文献

［1］柯文：《食品安全是世界性难题》，《求是》2013 年第 11 期，第 56～57 页。

［2］尹世久：《信息不对称、认证有效性与消费者偏好：以有机食品为例》，中国社会科学出版社，2013。

［3］全世文、曾寅初、刘媛媛：《消费者对国内外品牌奶制品的感知风险与风险态度——基于三聚氰胺事件后的消费者调查》，《中国农村观察》2011 年第 2 期，第 2～15 页。

［4］Ahmad, W., Anders, S., "The Value of Brand and Convenience Attributes in Highly Processed Food Products," *Canadian Journal of Agricultural Economics*, 2012, 60 (1): 113 – 133.

［5］Froehlich, E. J., Carlberg, J. G., Ward, C. E., "Willingness – to – Pay for Fresh Brand Name Beef," *Canadian Journal of Agricultural Economics*, 2009, 57 (1): 119 – 137.

［6］王常伟、顾海英：《基于委托代理理论的食品安全激励机制分析》，《软科学》2013 年第 8 期，第 65～68 页。

［7］Albersmeier, F., Schulze, H., Spiller, A., "System Dynamics in Food Quality Certifications: Development of an Audit Integrity System," *International Journal of Food System Dynamics*, 2010, 1 (1): 69 – 81.

［8］Golan, E., Kuchler, F., Mitchell, L., et al., "Economics of Food Labeling," *Journal of Consumer Policy*, 2001, 24 (2): 117 – 184.

［9］Janssen, M., Hamm, U., "Product Labelling in the Market for Organic Food: Consumer Preferences and Willingness – to – Pay for Different Organic Certification Logos," *Food Quality and Preference*, 2012, 25 (1): 9 – 22.

［10］Gefen, D., Karahanna, E., Straub, D. W., "Trust and TAM in Online Shopping: An Integrated Model," *Mis Quarterly*, 2003, 27 (1): 51 – 90.

［11］Rotter, J. B., "Generalized Expectancies for Interpersonal Trust," *American Psychologist*, 1971, 26 (5): 443～452.

［12］Mcknight, D. H., Cummings, L. L., Norman, L., "Initial Trust Formation in New Organizational Relationships," *Academy of Management Review*, 1998, 23 (3):

473 – 490.

[13] Doney, P. M., Cannon, J. P., Mullen, M. R., "Understanding the Influence of National Culture on the Development of Trust," *Academy of Management Review*, 1998, 23 (3): 601 – 620.

[14] 刘艳秋、周星：《QS 认证与消费者食品安全信任关系的实证研究》，《消费经济》2008 年第 6 期，第 76 ~ 80 页。

[15] Tsakiridou, E., Konstantinos, M., Tzimitra, K. I., "The Influence of Consumers' Characteristics and Attitudes on the Demand for Organic Olive Oil," *International Journal of Food Agribus Market*, 2006, 18 (3/4): 23 – 31.

[16] De Jonge, J., "Understanding Consumer Confidence in the Safety of Food: Its Two – Dimensional Structure and Determinants," *Risk Analysis*, 2007, 27 (3): 729 – 740.

[17] 卢菲菲、何坪华、闵锐：《消费者对食品质量安全信任影响因素分析》，《西北农林科技大学学报》（社会科学版）2010 年第 1 期，第 72 ~ 77 页。

[18] 尹世久、徐迎军、陈默：《消费者对安全认证食品的信任评价及影响因素：基于有序 Logistic 模型的实证分析》，《公共管理学报》2013 年第 3 期，第 22 ~ 31 页。

[19] 任燕、安玉发：《消费者食品安全信心及其影响因素研究》，《消费经济》2009 年第 2 期，第 45 ~ 48 页。

[20] 巩顺龙：《基于结构方程模型的中国消费者食品安全信心研究》，《消费经济》2012 年第 2 期，第 53 ~ 57 页。

[21] Katrin, Z., Ulrich, H., "Consumer Preferences for Additional Ethical Attributes of Organic Food," *Food Quality and Preference*, 2010, 21 (5): 495 – 503.

[22] Ulf Hjelmar, "Consumers' Purchase of Organic Food Products: A Matter of Convenience and Reflexive Practices," *Appetite*, 2011, 56 (2): 336 – 344.

[23] Dunn, J. R., Schweitzer, M. E., "Feeling and Believing: The Influence of Emotion on Trust," *Journal of Personality and Social Psychology*, 2005, 88 (5): 736 – 748.

[24] Pieniak, Z., Aertsens, J., Verbeke, W., "Subjective and Objective Knowledge as Determinants of Organic Vegetables Consumption," *Food Quality and Preference*, 2010, 21 (6): 581 – 588.

[25] Siegrist, M., Earle, T. C., Gutscher, H., "Test of a Trust and Confidence Model in the Applied Context of Electromagnetic Field (EMF) Risks," *Risk Analysis*, 2003, 23 (4): 705 – 716.

[26] 王二朋、周应恒：《城市消费者对认证蔬菜的信任及其影响因素分析》，《农业技术经济》2011 年第 10 期，第 69 ~ 77 页。

［27］ Frewer, L., Howard, C., Hedderley, D., et al., "What Determines Trust in Information about Food – related Risks? Underlying Psychological Constructs," *Risk Analysis*, 1996, 16（4）: 473 – 486.

［28］ De Krom, M. P., Mol, A. P., "Food Risks and Consumer Trust Avian Influenza and the Knowing and Non – knowing on UK Shopping Floors," *Appetite*, 2010, 55（3）: 671 – 678.

［29］ 周应恒、霍丽、彭晓佳:《食品安全: 消费者态度、购买意愿及信息的影响》,《中国农村经济》2004 年第 11 期, 第 53 ~ 59 页。

［30］ Moellering, G., Bachmann, R., Lee, S. H., "Introduction: Understanding Organizational Trust—Foundations, Constellations, and Issues of Operationalisation," *Journal of Managerial Psychology*, 2004, 19（6）: 556 – 570.

［31］ 张连刚:《基于多群组结构方程模型视角的绿色购买行为影响因素分析》,《中国农村经济》2010 年第 2 期, 第 44 ~ 56 页。

［32］ 荣泰生:《AMOS 与研究方法》, 重庆大学出版社, 2009。

［33］ Urena, F., Bernabeu, R., Olmena, M., "Women, Men and Organic Food: Differences in their Attitudes and Willingness to Pay: A Spanish Case Study," *International Journal of Consumer Studies*, 2008, 32（1）: 18 – 26.

［34］ Ortega, D. L., Wang, H. H., Wu, L. P., et al., "Modeling Heterogeneity in Consumer Preferences for Select Food Safety Attributes in China," *Food Policy*, 2011, 36（2）: 318 – 324.

［35］ Wu, L. H., Xu, L. L., Zhu, D., et al., "Factors Affecting Consumer Willingness to Pay for Certified Traceable Food in Jiangsu Province of China," *Canadian Journal of Agricultural Economics*, 2012, 60（3）: 317 – 333.

［36］ 才源源、何佳讯:《高兴与和平: 积极情绪对来源国效应影响的实证研究》,《营销科学学报》2012 年第 2 期, 第 76 ~ 87 页。

［37］ 范春梅、贾建民、李华强:《食品安全事件中的公众风险感知及应对行为研究》,《公共管理》2012 年第 1 期, 第 163 ~ 168 页。

［38］ 侯杰泰、温忠麟、成子娟:《结构方程模型及其应用》, 经济科学出版社, 2004。

［39］ Torjusen, H., Lieblein, G., Wandel, M., et al., "Food System Orientation and Quality Perception among Consumers and Producers of Organic Food in Hedmark County, Norway," *Food Quality and Preference*, 2001, 12（3）: 207 – 216.

［40］ 吕婧、吕巍:《消费品行业消费者信任影响因素实证研究》,《统计与决策》2012 年第 2 期, 第 103 ~ 105 页。

超市对食品安全可追溯体系的参与行为研究[*]

超市对食品安全可追溯体系的参与行为研究[*]

房瑞景[**]

摘　要：本文使用北京、广州和青岛市 308 家超市的实地调查数据，运用有序 Logistic 模型，实证分析了超市参与食品安全可追溯体系的意愿及影响因素。研究结果表明，可追溯食品的经营利润、一线城市、对供货商信息传递行为的监管、食品安全责任主动承担度正向影响超市参与食品安全可追溯体系的意愿，技术难度负向影响超市参与食品安全可追溯体系的意愿。其中一线城市变量的边际效应最大。

关键词：食品安全　可追溯体系　超市　参与意愿　有序 Logistic 模型

一　引言

近年来，在国际上，疯牛病、口蹄疫、禽流感等疾病相继爆发和传播，在国内，三聚氰胺毒奶粉、多宝鱼孔雀石绿超标等重大食品安全事件时有发生，政府部门日益重视食品安全问题。实施食品安全可追溯体系的目的之一是当食品安全问题出现时，政府监管部门能够快速有效地查询到出问题的原料和环节，将食品安全问题引起的损失降至最低，并对出问题的组织进行整改和惩罚，以确保食品安全。2011 年 10 月商务

* 国家社会科学基金项目"我国食品安全认证与追溯耦合监管机制研究"（编号：13CGL128）；山东省软科学研究计划项目"山东省海产品安全追溯体系建设研究"（编号：2014RKE29036）。

** 房瑞景（1980～），青岛酒店管理职业技术学院副教授，研究方向为食品安全管理。

部发布的《"十二五"期间加快肉类蔬菜流通追溯体系建设的指导意见》指出，需要加快建设完善的肉类和蔬菜可追溯体系，探索完善的管理模式，实现快速溯源功能，全面推进城市食品安全可追溯体系建设。2012年11月，中共十八大报告再次强调食品安全问题。当前，越来越多的发达国家要求进口食品具有可追溯性，中国政府正在积极推动食品安全可追溯体系建设。

企业是食品安全可追溯体系的操作者，其食品安全可追溯体系的实施行为受到收益、经营规模、成本等多种因素的影响。在收益方面，企业实施食品安全可追溯体系一般是为了提高供应链管理效率，加强对食品安全的控制[1]。实施食品安全可追溯体系不仅能够克服供应链内信息不对称问题，提高供应链的管理水平，而且能够保证食品安全和减少食品召回成本[2~3]。食品安全可追溯体系作为食品安全风险预防机制，将企业内食品安全可追溯体系与企业库存系统整合，给企业带来更多收益[4]。实施食品安全可追溯体系可保证人类与动物的健康，明确供应链内企业的责任，应对贸易壁垒[5]，还可以在市场中树立某种产品信息的可信性，进而降低销售成本[6]。

在经营规模方面，中小规模的企业希望政府辅助其实施食品安全可追溯体系，而规模较大的企业则希望实施自愿性食品安全可追溯体系[7~8]。在成本方面，提高责任成本可以促使企业供应更安全的食品[9]。行业中发生食品安全事件的概率越大、政府实施强制性食品安全可追溯体系的概率越大、市场惩罚和责任成本越大，企业越倾向于实施食品安全可追溯体系[10]。食品安全可追溯体系的建立和运行成本也是影响企业实施食品安全可追溯体系的重要因素[11]。

综上所述，多数学者选择生产、加工企业作为研究对象，在企业的收益、成本等方面进行了较为深入的研究。超市是城市中最为重要的食品终端交易市场之一，其如何推动食品安全可追溯体系建设，成为食品安全管理的重要环节。为此，本文选择超市作为研究对象，考察其食品安全可追溯体系的参与意愿及影响因素。

本文结构安排如下：第一部分是引言；第二部分是理论模型的构建；第三部分是数据来源；第四部分是计量分析，包括变量的描述性分析和计量模型分析；第五部分是结论及政策含义。

二　理论模型的构建

（一）计划行为理论

计划行为理论是由多属性态度理论与理性行为理论[12~13]结合发展而来的。计划行为理论认为，所有可能影响行为的因素都是经由行为意向间接影响行为表现，而行为意向受到三个方面因素的影响：一是个人本身的态度，即个人对采取某项特定行为所抱持的想法；二是知觉行为控制，即个人在预期采取某一行为时自己所感受到的该行为可以控制的程度，它反映个体对促进或阻碍执行行为因素的知觉，包括内在和外在控制因素，如资源禀赋和预期困难[14]；三是主观规范，即个人对影响其采取某项特定行为的社会压力的认知，主要受到外在重要团体对其是否执行某特定行为的期望和个体顺从外在重要团体对其所抱期望的意向的影响。

（二）超市食品安全可追溯体系参与行为理论模型

计划行为理论是社会心理学领域研究人类行为意向的理论。由于超市参与食品安全可追溯体系既是一种个体理性行为，也是一种经济行为，本文分别从态度、知觉行为控制、主观规范三个方面进行论述，在此过程中适当增加有关控制变量，使本文的分析框架更加完整。

1. 超市对可追溯食品经营利润的态度

利润是超市追求的目标[15]，超市对食品安全可追溯体系的参与态度主要源自可追溯食品的经营利润。超市参与食品安全可追溯体系将会带来相应的成本，如人力成本、设备成本等，只有相应成本得到补偿，超市才愿意参与食品安全可追溯体系。超市对可追溯食品的经营利润的态度（或认识），即通过经营可追溯食品能否提高利润，是影响其参与食品安全可追溯体系的重要因素。因此，超市对可追溯食品的经营利润的态度将会正向影响其参与食品安全可追溯体系的积极性。

2. 超市参与食品安全可追溯体系的知觉行为控制

超市参与食品安全可追溯体系的知觉行为控制因素主要体现在资源禀赋和预期困难两个方面。资源禀赋（因素）主要包括管理者的受教育程度、经营规模（以员工数计算，为了减弱大数对模型估计结果的影响，故取对数）和是否从事产业化经营。其中，超市管理者的受教育程度将会影响其对食品安全可追溯体系的认识以及对未来食品市场的判断。管理者的受教育程度越高，就越易于接受绿色消费观念，因而越倾向于参与食品安全可追溯体系。超市员工数量在一定程度上代表着超市的经营规模。员工数量越多的超市，其经营规模越大，在人力、技术和资本方面越具有优势，越易于参与食品安全可追溯体系。在产业化经营方面，若存在"超市 + 生产基地""超市 + 合作社 + 农户"等经营模式，即超市从事产业化经营，产业化程度较高，则超市易于参与食品安全可追溯体系。预期困难是指在食品安全可追溯体系的建立与运行过程中遇到的技术性问题，例如可追溯信息读码器的安装与使用、信息管理等。这些配套技术的难度将会增加超市参与食品安全可追溯体系的难度。技术难度越大，超市参与食品安全可追溯体系的积极性越小。

3. 超市参与食品安全可追溯体系的主观规范

超市参与食品安全可追溯体系的主观规范，既包括外在规范，又包括自身规范。外在规范主要体现为是不是一线城市和是否获得政府补贴。一线城市是指在全国政治、经济等活动中处于重要地位并具有主导作用和辐射带动能力的大都市。依据国家统计局 2010 年评选一线城市的标准，中国共有 5 个一线城市，北京市和广州市位于其中。一线城市中的"大都市团体"对经济发展的要求和对高安全水平可追溯食品的需求，使一线城市中的超市具有更大的责任和动力参与食品安全可追溯体系。近年来，基于国际贸易中的要求和食品安全的考虑，中国政府积极推动食品安全可追溯体系的发展，对参与食品安全可追溯体系的企业给予适度补贴。因此，政府补贴代表国家对超市参与食品安全可追溯体系的期待，有助于提高超市参与食品安全可追溯体系的积极性。自身规范主要体现为是否监管供货商的信息传递和食品安全责任主动承担度。超市根据合同约定，对供货商的信息传递或供给行为进行监管，其监管食品供货商的积极性越高，对食品安全可追溯体系建设越重视，参与食品安全可追溯体系的动力就会越大。出现食品安全问题后，超市主动承担食品安全责任的程度越高，其降低食品风险的愿望越强烈，就越愿意参与食品安全可追溯体系。

4. 其他因素

其他因素主要是指超市管理者的个人特征，如性别、年龄等。

三　数据来源

（一）样本

为了考察城市经济发展水平对食品安全可追溯体系建设的影响，本文选择了一线城市和非一线城市作为样本区，其中，一线城市样本区为北京市和广州市。委托北京城市学院、中国海洋大学管理学院和华南农业大学经济管理学院的教师及学生对所在城市的主城区进行抽样调查。实际被调查的超市样本有 350 个，其中，北京市样本有 150 个，广州市和青岛市样本各有 100 个。对于连锁经营的超市，由于其所占的市场份额较大，各超市的区位、规模等都有所不同，因此各城市连锁超市的样本保留 3 家。此外，考虑到国内居民长期以来对超市的判断标准或观念，中小规模的自选零售商场也被列为调查对象。剔除漏答关键信息及出现错误信息的问卷，最终获得有效问卷 308 份，其中，北京市 116 份，广州市 97 份，青岛市 95 份，问卷总有效率为 88%。

（二）问卷

在自变量的测定中，经营规模、食品安全责任主动承担度、年龄变量用实际数值表示。可追溯食品的经营利润、产业化经营、一线城市、政府补贴、对供货商信息传递行为的监管、性别为虚拟变量。受教育程度和技术难度变量用 Likert 5 点量表进行测量。因变量为超市参与食品安全可追溯体系的意愿，也用 Likert 5 点量表进行测量。变量的具体设定情况如表 1 所示。

表 1 变量说明

变量名称	变量定义	赋 值
可追溯食品的经营利润（PRO）	通过经营可追溯食品能否提高利润	能够提高 = 1，不能提高 = 0
超市管理者的受教育程度	初中（JHC）	是 = 1，否 = 0
	高中（SHS）	是 = 1，否 = 0
	大学（COL）	是 = 1，否 = 0
	大学以上（ABU）	是 = 1，否 = 0
经营规模（SCA）	以超市员工数代替	对员工数取对数
产业化经营（IND）	超市是否存在"超市 + 生产基地""超市 + 合作社 + 农户"等经营模式	是 = 1，否 = 0
技术难度（DIF）	超市的食品安全可追溯体系配套技术难度	非常小 = 1，比较小 = 2，一般 = 3，比较大 = 4，非常大 = 5
一线城市（CIT）	超市所在城市是不是一线城市	是 = 1，否 = 0
政府补贴（SUB）	超市经营可追溯食品能否获得政府补贴	能获得 = 1，不能获得 = 0
对供货商信息传递行为的监管（SUP）	超市是否监管供货商的信息传递行为	是 = 1，否 = 0
食品安全责任主动承担度（UND）	出现食品安全问题后超市主动承担食品安全责任的程度	%
年龄（YEA）	超市管理者的年龄	岁
性别（GEN）	超市管理者的性别	男 = 1，女 = 0
食品安全可追溯体系的参与意愿（WIL）	超市参与食品安全可追溯体系的意愿	非常不愿意 = 1，不太愿意 = 2，一般 = 3，比较愿意 = 4，非常愿意 = 5

注：本文对受教育程度做了哑变量处理，以"小学及以下"为对照组；通过回归检验，"技术难度"与"食品安全可追溯体系的参与意愿"之间存在线性关系，因此，本文对"技术难度"变量采用等距量化赋值。

四 计量分析

（一）样本描述性分析

1. 样本超市管理者的特征

在被调查的 308 位超市管理者中，男性有 151 位，女性有 157 位，分别占样本超市管理者总数的 49.0% 和 51.0% ，男性超市管理者人数与女性超市管理者人数基本接近。在超市管理者样本中，年龄最小者 18 岁，最大者 60 岁，均值为 34.96 岁，标准差为 8.340，表明被调查超市的管理者主要为中青年。

2. 超市管理者对可追溯食品的经营利润的态度

超市参与食品安全可追溯体系所获得的经营利润，对超市管理者而言是一项重要的决策指标，影响超市管理者参与食品安全可追溯体系的积极性。从实际调查结果来看，169 位超市管理者认为经营可追溯食品能够提高利润，139 位超市管理者认为不能提高经营利润，分别占样本总数的 54.9% 和 45.1% 。总体上看，有较多的超市管理者认为，经营可追溯食品能够提高超市的利润。这表明，随着食品安全可追溯体系的发展，食品经营者比较看好可追溯食品的市场前景。

3. 超市管理者的知觉行为控制情况

从超市管理者的受教育程度来看，其受教育程度主要是高中和大学水平，分别占样本总数的 57.1% 和 24.7% ，表明超市管理者的受教育程度相对较高（见表 2）。初中和小学教育程度的超市管理者较少，他们主要经营小型个体超市。

表 2　受教育程度的统计结果

	选　项					样本均值	标准差
	小学及以下 = 1	初中 = 2	高中 = 3	大学 = 4	大学以上 = 5		
样本数（人）	7	45	176	76	4	3.081	0.729
比例（%）	2.3	14.6	57.1	24.7	1.3		

从经营规模（员工数）变量的统计结果来看，员工数最少的超市的员工数为 1 位，员工数最多的超市员工数达到 350 位，均值为 39.890，标准差为 59.956。从所调查的超市员工数来看，涉及各种规模的超市。总体上看，样本超市中大中型超市所占比例较大。

当前，超市尤其是大中型超市日益注重与生产基地的对接，拥有稳定且可靠的食品供货商。经营可追溯食品的超市对产业化的要求较高。在超市样本中，实施产业化经营模式的超市（例如采用"超市＋生产基地"的经营模式）有 102 家，未实施产业化经营模式的超市有 206 家，分别占样本总数的 33.1% 和 66.9%。总体上看，实施产业化经营模式的超市数量有待提高。

从食品安全可追溯体系的配套技术难度看，表示技术难度"一般"和"比较大"的超市管理者分别有 117 位和 135 位，分别占样本超市管理者总数的 38.0% 和 43.8%，样本均值为 3.370，标准差为 0.807（见表 3）。这表明，超市经营可追溯食品的技术难度不低。配套技术可能会在一定程度上影响超市参与食品安全可追溯体系的积极性。

表 3　技术难度的统计结果

	选　项					样本均值	标准差
	非常小＝1	比较小＝2	一般＝3	比较大＝4	非常大＝5		
样本数（人）	4	39	117	135	13	3.370	0.807
比例（%）	1.3	12.7	38.0	43.8	4.2		

4. 超市的主观规范情况

一线城市在国家政治、经济中起主导作用，居民的绿色消费观念较强，对高安全水平食品的需求较大。这为食品安全可追溯体系的发展创造了非常重要的条件。从样本统计结果看，一线城市的样本超市有 213 个，非一线城市的样本超市有 95 个，分别占样本总数的 69.2% 和 30.8%。在样本超市中，一线城市的超市参与食品安全可追溯体系的积极性明显高于非一线城市的超市，其参与意愿的均值分别为 3.07 和 2.21。超市参与食品安全可追溯体系的意愿似乎与所在城市的经济发展水平高度相关，其因果关系则需要运用回归模型做进一步检验。

国内对食品安全可追溯体系的建设更多的是通过政府补贴进行引导。从实地调查结果看，获得可追溯食品经营补贴的超市有 39 家，未获得可追溯食品经营补贴的超市有 269 家，分别占样本总数的 12.7% 和 87.3%，获得可追溯食品经营补贴的超市较少。从对供货商信息传递行为的监管的统计结果看，对供货商的信息传递行为实施监管的超市有 176 家，未实施监管的超市有 132 家，分别占样本总数的 57.1% 和 42.9%。总体上看，半数以上的超市对供货商的信息传递行为实施了监管。从食品安全责任主动承担度的统计结果看，最高的食品安全责任主动承担度为 100%，最低的为"不承担"，均值为 53.5%。总体上讲，超市的食品安全责任主动承担度较高。

5. 超市参与食品安全可追溯体系的情况

从超市参与食品安全可追溯体系的意愿统计结果看，其食品安全可追溯体系的参与意愿的均值为 2.812，标准差为 0.953。这表明，超市参与食品安全可追溯体系的意愿不高，并且差别也不小（见表 4）。

表 4 超市参与食品安全可追溯体系的意愿的统计结果

	选 项					样本均值	标准差
	非常不愿意 = 1	不太愿意 = 2	一般 = 3	比较愿意 = 4	非常愿意 = 5		
样本数（人）	28	83	123	67	7	2.812	0.953
比例（%）	9.1	26.9	39.9	21.8	2.3		

（二）计量经济学模型分析

超市参与食品安全可追溯体系的意愿为有序分类变量，即"非常不愿意""不太愿意""一般""比较愿意""非常愿意"，与之对应的数值分别为 1、2、3、4、5。鉴于因变量属于多分类有序变量，采用线性模型会存在很大缺陷，因此，本文采用有序 Logistic 模型。有序 Logistic 模型可表述如下：

$$y^* = X\beta + \varepsilon \tag{1}$$

在式（1）中，y^* 是一个无法观测的潜变量，它是与因变量对应的潜变量，X 为一组解释变量，β 为相应的待估参数，ε 为服从逻辑分布（Logistic Distribution）的误差项。y^* 与 y 的关系如下：

$$\begin{cases} y = 1, 若 y^* \leqslant \mu_1 \\ y = 2, 若 u_1 < y^* \leqslant \mu_2 \\ \cdots \\ y = j, 若 \mu_{j-1} < y^* \end{cases} \tag{2}$$

在式（2）中，$\mu_1 < \mu_2 < \cdots < \mu_{j-1}$ 表示通过估计获得的临界值或阈值参

数。给定 X 时，因变量 y 取每一个值的概率如下：

$$
\begin{cases}
P(y=1 \mid X) = P(y^* \leq \mu_1 \mid X) = P(X\beta + \varepsilon \leq \mu_1 \mid X) = \Lambda(\mu_1 - X\beta) \\
P(y=2 \mid X) = P(\mu_1 < y^* \leq \mu_2 \mid X) = \Lambda(\mu_2 - X\beta) - \Lambda(\mu_1 - X\beta) \\
\cdots \\
P(y=j \mid X) = P(\mu_{j-1} < y^* \mid X) = 1 - \Lambda(\mu_{j-1} - X\beta)
\end{cases} \tag{3}
$$

在式（3）中，$\Lambda(\cdot)$ 为分布函数。有序 Logistic 模型的参数估计采用极大似然估计法（Maximum Likelihood Method），但自变量 X 对因变量各个取值概率的边际效应并不等于系数 β，可用公式表示为：

$$
\begin{cases}
(\partial P_1 / \partial x_k) = -\beta_k \varphi(\mu_1 - X\beta) \\
(\partial P_2 / \partial x_k) = -\beta_k [\varphi(\mu_2 - X\beta) - \varphi(\mu_1 - X\beta)] \\
\cdots \\
(\partial P_j / \partial x_k) = -\beta_k \varphi(\mu_{j-1} - X\beta)
\end{cases} \tag{4}
$$

在式（4）中，$k(k=1,2,\cdots)$ 为自变量的个数，$\varphi(\cdot)$ 为密度函数。

在超市参与食品安全可追溯体系的意愿模型中，j 的赋值为 1、2、3、4、5，分别表示"非常不愿意""不太愿意""一般""比较愿意""非常愿意"参与食品安全可追溯体系。本文所用统计软件为 Stata 13.0 版，回归结果如表 5 所示。

表 5　超市参与食品安全可追溯体系的意愿的有序 Logistic 模型回归结果

自变量	系　数	标准误差	z 值
可追溯食品的经营利润（PRO）	0.830***	0.244	3.40
超市管理者的受教育程度			
初中（JHC）	-0.273	0.814	-0.33
高中（SHS）	-0.470	0.797	-0.59
大学（COL）	-0.109	0.821	-0.13
大学以上（ABU）	-1.680	1.348	-1.25
经营规模（SCA）	0.167	0.242	0.69
产业化经营（IND）	0.298	0.288	1.03
技术难度（DIF）	-0.418**	0.161	-2.59
一线城市（CIT）	1.898***	0.304	6.24

自变量	系　数	标准误差	z 值
政府补贴（SUB）	0.009	0.357	0.02
对供货商信息传递行为的监管（SUP）	1.131 ***	0.270	4.19
食品安全责任主动承担度（UND）	0.018 ***	0.005	3.89
年龄（YEA）	－0.012	0.015	－0.78
性别（GEN）	－0.009	0.238	0.04
临界值 1	2.719	1.541	
临界值 2	5.160	1.565	
临界值 3	7.871	1.599	
临界值 4	10.998	1.660	
LR χ^2		165.24	
Prob $> \chi^2$		0.000	
Pseudo R^2		0.198	

注：***、**、* 分别表示在 1%、5%、10% 水平上显著。

从模型拟合优度检验的参考指标看，χ^2 对应的显著性水平为 0.000，Pseudo R^2 = 0.198，有序 Logistic 模型估计结果整体上较为理想。超市作为独立经营的企业，利润是其追求的核心目标。超市管理者对可追溯食品的经营利润的判断直接关系到其对食品安全可追溯体系的态度，进而影响其参与食品安全可追溯体系的积极性。可追溯食品的经营利润变量显著且其系数为正，表明可追溯食品的经营利润是影响超市参与食品安全可追溯体系的意愿的重要因素。这与本文的初始判断一致。

在超市参与食品安全可追溯体系的意愿的"知觉行为控制"变量中，受教育程度、经营规模和产业化经营变量在模型中都不显著，而技术难度变量显著且其系数为负。超市参与食品安全可追溯体系需要相应的配套技术，例如可追溯信息读码器配备、信息输入、网络管理等。食品安全可追溯体系的运行技术难度越高，超市参与食品安全可追溯体系的困难就越大，参与积极性就越低。

在超市参与食品安全可追溯体系的意愿的"主观规范"变量中，"一线城市"变量显著且其系数为正。一线城市居民的绿色消费观念较强，对可追溯食品的市场需求较大，诱导着所在城市食品安全可追溯体系的发展。"政府补贴"变量在模型中不显著。"对供货商信息传递行为的监管"变量显著且其系数为正。超市越重视对供货商信息传递行为的监管，其食品安全管理的自觉性就越强，参与食品安全可追溯体系的积极性也就越高。"食品安全责任主动承担度"变量在模型中显著且其系数为正。超市主动承担食品安全责任的倾向性越强，越愿意降低食品安全风险，参与食品安全可追溯体系的积极性就会越高。样本超市管理者的特征变量在模型中皆不显著。

表 5 中的系数估计结果给出的是自变量对潜变量的影响。依据式（4），自变量对因变量各个取值概率的影响，即 x 对 y 的边际效应计算结果如表 6 所示。

表 6　自变量对超市参与食品安全可追溯体系的意愿的边际效应

变　量	$y = 1$	$y = 2$	$y = 3$	$y = 4$	$y = 5$
PRO	$-0.055^{***}(0.02)$	$-0.073^{***}(0.02)$	$0.020^{**}(0.01)$	$0.090^{***}(0.03)$	$0.017^{**}(0.01)$
JHC	$0.018(0.05)$	$0.024(0.07)$	$-0.007(0.02)$	$-0.030(0.09)$	$-0.006(0.02)$
SHS	$0.031(0.05)$	$0.041(0.07)$	$-0.011(0.02)$	$-0.051(0.09)$	$-0.010(0.02)$
COL	$0.007(0.05)$	$0.010(0.07)$	$-0.003(0.02)$	$-0.012(0.09)$	$-0.002(0.02)$
ABU	$0.111(0.09)$	$0.148(0.12)$	$-0.040(0.03)$	$-0.184(0.15)$	$-0.035(0.03)$
SCA	$-0.011(0.02)$	$-0.015(0.02)$	$0.004(0.01)$	$0.018(0.03)$	$0.004(0.01)$
IND	$-0.020(0.02)$	$-0.026(0.03)$	$0.007(0.01)$	$0.033(0.03)$	$0.006(0.01)$
DIF	$0.028^{**}(0.01)$	$0.037^{**}(0.01)$	$-0.010^{**}(0.01)$	$-0.046^{**}(0.02)$	$-0.009^{**}(0.00)$
CIT	$-0.126^{***}(0.02)$	$-0.167^{***}(0.03)$	$0.046^{***}(0.01)$	$0.208^{***}(0.04)$	$0.040^{**}(0.02)$
SUB	$-0.001(0.02)$	$-0.001(0.03)$	$0.000(0.01)$	$0.001(0.04)$	$0.000(0.01)$
SUP	$-0.075^{***}(0.02)$	$-0.100^{***}(0.02)$	$0.027^{***}(0.01)$	$0.124^{***}(0.03)$	$0.024^{**}(0.01)$
UND	$-0.001^{***}(0.00)$	$-0.002^{***}(0.00)$	$0.000^{**}(0.00)$	$0.002^{***}(0.00)$	$0.000^{**}(0.00)$
YEA	$0.001(0.00)$	$0.001(0.00)$	$-0.000(0.00)$	$-0.001(0.00)$	$-0.000(0.00)$
GEN	$-0.001(0.02)$	$-0.001(0.02)$	$0.000(0.01)$	$0.001(0.03)$	$0.000(0.00)$

注：***、**分别表示在1%、5%的水平上显著，括号内为标准误差。

从表 6 可以看出，可追溯食品经营利润（PRO）、一线城市（CIT）、对供货商信息传递行为的监管（SUP）和食品安全责任主动承担度（UND）4 个变量在"非常不愿意（ $y = 1$ ）"和"不太愿意（ $y = 2$ ）"时边际效应显著且为负数，表明随着这些变量的增加，超市不愿意参与食品安全可追溯体系的可能性降低；在"一般（$y=3$）"、"比较愿意（$y=4$）"和"非常愿意（$y=5$）"时边际效应显著且为正数，表明随着这些变量的增加，超市参与食品安全可追溯体系的可能性提高。这与表 5 的回归结果完全一致。进一步分析，在 $y \geqslant 3$ 时，上述变量的边际效应的排序是"比较愿意（$y=4$）"、"一般（$y=3$）"和"非常愿意（$y=5$）"，说明随着这些变量的增加，超市参与食品安全可追溯体系的意愿更倾向于"比较愿意"。技术难度（DIF）变量显著，但边际效应方向与上述 4 个变量相反，表明随着食品安全可追溯体系配套技术的难度的降低，超市参与食品安全可追溯体系的可能性提高，在 $y \geqslant 3$ 时，边际效应最大的仍是"比较愿意（$y=4$）"。表 6 还显示，一线城市（CIT）变量对超市参与食品安全可追溯体系的意愿的边际效应最大，表明城市的经济发展水平在较大程度上影响超市参与食品安全可追溯体系的积极性。

五　结论与政策含义

通过对超市参与食品安全可追溯体系的意愿的影响因素的分析，本文得出的主要结论如下。第一，可追溯食品的经营利润提高了超市参与食品安全可追溯体系的积极性。可追溯食品的经营利润越高，越易于超市实现其经营目标，超市经营可追溯食品的动力就会越大。第二，食品安全可追溯体系配套技术的难度降低了超市参与食品安全可追溯体系的积极性。食品安全可追溯体系要求一定的硬件和软件配置，这在一定程度上给超市参与食品安全可追溯体系带来了更多困难。第三，城市的经济发展水平正向影响超市参与食品安全可追溯体系的积极性。经济发达的城市尤其是一线城市，其居民的绿色消费观念较强，对可追溯食品的需求较大，从而诱导超市实施食品安全可追溯体系。第四，对供货商信息传递行为的监管和食品安全责任主动承担度正向影响超市参与食品安全可追溯体系的积极性。超市越重视监管供货商的信息传递或供给行为，越主动承担食品安全责任，在食品安全管理方面就越积极、负责，也就越愿意参与食品安全监管体系。第五，边际效应分析表明，通过改善上述显著的影响因素，超市参与食品安全可追溯体系的意愿更倾向于"比较愿意"，而一线城市变量对超市参与食品安全可追溯体系的意愿的边际效应最大。

基于上述主要结论，相应的政策含义如下。第一，加强对食品安全的宣传教育，增强食品安全观念。国内消费者的绿色消费观念不强，影响可追溯食品市场价值的实现，进而影响安全食品的经营利润以及企业参与食品安全可追溯体系的积极性。第二，加大对食品安全可追溯体系配套技术的支持。食品安全可追溯体系从生产到销售终端，涉及可追溯信息采集、输入、读取等环节，建立食品安全可追溯体系的技术难度较大。加大对配套技术的支持将有利于减少食品安全可追溯体系参与主体遇到的技术障碍，提高食品供应链主体参与食品安全可追溯体系的积极性。第三，优先发展大中城市的食品安全可追溯体系。大中城市居民对可追溯食品的需求更大，经营利润更易实现，也更容易诱导食品供应链主体参与食品安全可追溯体系。经济诱导在食品安全可追溯体系的发展中发挥着重要作用。第四，提高食品安全可追溯信息的传递有效性。一方面需要增强可追溯食品供应链主体自身的食品安全责任感，另一方面要从制度上加强对供应链主体的监管，增强食品安全可追溯的有效性，改善可追溯食品的市场环境，提高可追溯食品的市场认可度。第五，不断改善超市参与食品安全可追溯体系的条件，积极引导超市参与食品安全可追溯体系建设。超市作为连接消费者与生产者的重要食品供应链主体，应充分发挥自身在食品安全可追溯体系建设中的作用，从而推动中国食品安全可追溯体系的健康持续发展，有力地保障国家食品安全。

参考文献

[1] Golan, E. H. & Krissoff, B. & Kuchler, F., et al., "Traceability for Food Safety and Quality Assurance: Mandatory Systems Miss the Mark, CAFRI: Current Agriculture," *Food and Resource Issues*, 2003 (4): 27 – 35.

[2] Smith, G. C. & Tatum, J. D. & Belk, K. E., et al., "Traceability from a US Perspective," *Meat science*, 2005 (1): 174 – 193.

[3] 徐芬、陈红华：《基于食品召回成本模型的可追溯体系对食品召回成本的影响》，

《中国农业大学学报》2014 年第 2 期，第 233～237 页。

[4] 周树华、张正洋、张艺华：《构建连锁超市生鲜农产品供应链的信息管理体系探讨》，《管理世界》2011 年第 3 期，第 1～6 页。

[5] Holleran, E. & Bredahl, M. E. & Zaibet, L. , "Private Incentives for Adopting Food Safety and Quality Assurance," *Food policy*, 1999 (6)：669 - 683.

[6] Salaün, Y. & Flores, K. , "Information Quality：Meeting the Needs of the Consumer," *International Journal of Information Management*, 2001 (1)：21 - 37.

[7] Tavernier, E. M. , "An Empirical Analysis of Producer Perceptions of Traceability in Organic Agriculture," *Renewable Agriculture and Food Systems*, 2004 (2)：110 - 117.

[8] 韩杨、陈建先、李成贵：《中国食品追溯体系纵向协作形式及影响因素分析——以蔬菜加工企业为例》，《中国农村经济》2011 年第 12 期，第 54～67 页。

[9] Pouliot, S. & Sumner, D. A. , "Traceability, Liability, and Incentives for Food Safety and Quality," *American Journal of Agricultural Economics*, 2008 (1)：15 - 27.

[10] Hobbs, J. E. , "Information Asymmetry and the Role of Traceability Systems," *Agribusiness*, 2004 (4)：397 - 415.

[11] 房瑞景、陈雨生、周静：《农户对溯源信息传递意愿影响因素的实证研究——以海水养殖业为例》，《农业技术经济》2011 年第 9 期，第 118～126 页。

[12] Fishbein, M. & Ajzen, I. , "Belief, Attitude, Intention and Behavior：An Introduction to Theory and Research," 1975：578.

[13] Ajzen, I. & Fishbein, M. , "Understanding Attitudes and Predicting Social Behaviour," 1980：278.

[14] Notani, A. S. , "Moderators of Perceived Behavioral Control's Predictiveness in the Theory of Planned Behavior：A Meta - analysis," *Journal of Consumer Psychology*, 1998 (3)：247 - 271.

[15] 刘李峰、武拉平、张照新：《价格、质量对超市农产品经营影响的实证研究——来自消费者角度的证据》，《中国农村观察》2007 年第 1 期，第 24～35 页。

政府监管与舆情研究

食品安全网络舆情研究述评与展望*

洪　巍　吴林海**

摘　要：近年来，我国食品安全事件频发，食品安全问题受到社会的广泛关注，引发了独具特色的食品安全网络舆情。对食品安全网络舆情的正确合理的监测预警与引导控制有助于食品安全问题的早发现与早处置。本文在文献回顾的基础上，对现存网络舆情相关文献的研究内容与不足进行了分析，然后结合食品安全网络舆情的特征，提出食品安全网络舆情后续研究的主要内容，为进一步研究提供方向。

关键词：食品安全网络舆情　数据挖掘技术　演变规律　复杂性

一　引言

一般来说，我们将公众、媒体等主体在面对社会现象与社会问题时，所表现出来的意见、情绪、态度等称为舆情。其中，对于社会现象与社会问题，可以从狭义与广义两个层面理解：在狭义上，它包括国家管理者制定的方针政策、法律法规、制度与措施以及影响公众利益的事件、行为等中介性社会事项[1]；在广义上，它包括国家管理者的决策行为所必然涉及

　*　江苏省高校哲学社会科学优秀创新团队建设项目"中国食品安全风险防控研究"（编号：2013－011）；江苏省自然科学基金项目"基于复杂网络的食品安全舆情的演化机理与动力学仿真研究"（编号：BK2012126）。

**　洪巍（1983～），男，安徽省滁州市人，博士，江南大学江苏省食品安全研究基地副教授，研究方向为食品安全与网络舆情；吴林海（1962～），男，江苏省江阴市人，博士，江南大学江苏省食品安全研究基地首席专家、教授、博士生导师，研究方向为农产品与食品安全管理。

的，与公众利益息息相关的生活、生产等活动所蕴藏的知识与智力等社会客观情况[2]。因此，可以将舆情理解为在一定的历史环境与社会空间中，由个人或群体所组成的公众在面对与自身利益相关的各种社会公共事务时所持有的多种意见、情绪、态度等的总和。那么，网络舆情就是指公众通过互联网表达与传播的对各种社会公共事务所持有的多种意见、情绪、态度等的总和。而食品安全网络舆情则是指公众的由各种食品安全事件所引发的，并通过互联网表达与传播的多种意见、情绪、态度等的总和，这种社会政治态度以公众与国家管理者之间对立与依存的辩证关系为基础。

近年来，随着科技与社会经济的不断发展，我国互联网的普及率不断攀升。中国互联网络信息中心（CNNIC）《第 35 次中国互联网络发展状况统计》指出，截至 2014 年 12 月，中国的网民数量达到 6.49 亿人，互联网普及率为 47.9%。便捷、隐蔽、自由的网络为公众表达个人想法提供了广阔的空间，导致我国近期的网络舆情非常活跃。此外，食品安全问题直接关系到公众的身体健康与生命安全，已成为影响社会发展的重大民生问题，备受社会舆论的关注。三鹿奶粉、地沟油、染色馒头等事件引起了公众的极大关注，大量表达惊讶、愤怒、无奈甚至谩骂的帖子夹杂着一些煽动性、虚假的言论出现在网络中，不仅对政府的公信力产生负面影响，还极易造成舆情的爆发，引起社会恐慌行为，严重危害社会稳定。因此，如何及时监测网络舆情的发展动态，掌握网络舆情预测预警的重要技术，理解网络舆情发生、发展以及消退的客观规律，把握网络舆情引导与控制的关键因素与机制，是当前食品安全网络舆情研究的重要课题。由于国内研究起步较晚，关于食品安全网络舆情的专门论著比较少见，但关于网络舆情的文献比较丰富。国外学者也对网络舆情进行了大量的研究，但由于政治、文化以及互联网监管体制与管理模式的差异，其研究的问题与侧重点与我国面临的问题有所不同，比如美国在总统与国会选举选情分析方面已达到相当高的水平。因此，本文更关注国内食品安全网络舆情的研究。

二　食品安全网络舆情研究现状

食品安全是一个全球性问题，国内外对相关问题进行了大量的研究，相比之下，国内外关于食品安全网络舆情的研究则比较匮乏。在 CNKI 中国学术期刊全文数据库中以"食品安全"和"舆情"为关键词进行检索，截至 2015 年 4 月 3 日，共有 75 个检索结果，其中学术论文 51 篇，报纸新闻 24 篇。食品安全网络舆情是网络舆情的一个分支，两者在研究问题与研究方法方面具有相似性，因此本文基于网络舆情的研究现状，结合食品安全事件的特征，对食品安全网络舆情的研究方向进行展望。从研究问题的角度看，现存文献可以分为如下几类。

（一） 网络舆情数据挖掘技术

网络舆情是客观存在于互联网平台的公众社会政治态度，因此广泛存在于现实互联网中的、能够表征舆情发展状况的各种数据是网络舆情研究的基础。这些数据包括媒体的相关报道以及网民发布、回复和转发的各种帖子等，且大多数以半结构化或非结构化形式出现，难以直接用来分析舆情的特征与发展过程。因此，需要利用数据抓取、主题分类等相关技术，进行数据挖掘。黄晓斌和赵超针对网络舆情的特点，提出了具有特征提取、文本分类、文本聚类、关联分析、文本总结、趋势预测等功能的网络舆情信息挖掘分析模型，并以 2007 年发生的"山西黑砖窑虐工"事件为例，说明文本挖掘在网络舆情分析中的应用[3]；范立国针对公共信息网络舆情管理控制能力较弱的问题，提出了一套具有综合信息采集、全文检索、查询分析、数据关联挖掘等功能的公共信息网络舆情智能分析系统[4]；张玉峰和何超在分析比较国内外网络舆情信息分析处理技术的基础上，指出其在处理能力、处理深度等方面的不足，并引入 Web 挖掘技术，构建了基于 Web 挖掘的舆情信息智能分析模型，实例研究表明，Web 挖掘技术的引入，可以提高舆情信息的处理效率和质量[5]；黄敏则结合 Hits 算法和 PageRank 算法，设计了网络舆情热点挖掘系统，并通过实例验证了系统的可用性[6]；李祝启等运用日志分析法和统计分析法，开展了政府网络舆情日志大数据挖掘实证研究[7]。从上述研究来看，有关网络舆情数据挖掘技术的研究主要关注信息采集、全文检索、文本聚类、趋势预测等方面的问题，研究成果比较丰富。

此外，在网络舆情数据挖掘软件方面，比较有代表性的有方正智思舆情预警辅助决策支持系统、Goonie 互联网舆情监测系统、Autonomy 网络舆情聚成系统、TRS 互联网舆情信息监控系统等。这些软件产品在现有研究的基础上，通过独特的舆情数据挖掘系统，为网络舆情的监控、预警等提供工具。

（二）网络舆情传播与演变规律

从生命周期理论看，网络舆情的发生与传播一般经历潜伏、成长、蔓延、高潮、衰弱、消失或持续等阶段，在每个阶段均受到多种因素的影响。李弼程等运用军事领域中的战场态势分析与威胁估计思想，构建了适合计算机的网络舆情态势分析模式，为网络舆情演变的规律分析提供理论支撑[8]；宗利永和顾宝炎通过分析危机沟通中网络舆情演变的行为特征，建立了言论主体 Agent 及舆论子场 Agent 的行为及交互规则，并运用 Multi－Agent 建模方法在 NetLogo 平台上模拟不同参数环境下的网络舆情演变行为[9]；曾润喜和徐晓林以《村官疑因考试领先公安局长之子被设套成逃犯》为研究样本，对网络舆情的传播规律进行了实证研究[10]；兰月新和邓新元通过建立突发事件网络舆情演进过程微分方程模型，对舆情发展的三个特征时间点和四个时段的应对策略进行了分析[11]；李纲和董琦提出了 Web 2.0 环境下企业网络舆情的过程模型，并结合肯德基"黄金蟹斗"事件的实证研究，探讨了企业、媒体、网民等不同角色对舆情传播的影响[12]；周耀明等利用时间序列分析方法，使用源帖数、回复数、回复率等 6 个描述网民发帖过程的时间序列来表征网络舆情的演化过程，提出了分布模式、平稳模式等 6 个网络舆情演化模式[13]；兰月新针对突发事件网络舆情中的谣言传播，运用疾病传播模型建立谣言传播模型，并利用 MAT-ALB 数值仿真技术，分析了谣言的传播机理、影响因素以及控制对策[14]；强韶华和吴鹏运用人群仿真理论，通过对网民行为的仿真研究，探讨其行为的演化规律[15]；吴少华等基于 SNA 提出了网络舆情演变的分析方法[16]。上述研究探讨网络舆情的演变规律及影响因素，为食品安全网络舆情演变规律的研究奠定了重要的理论基础。

（三）网络舆情的监测预警与引导机制

在网络舆情的监测预警方面，戴媛和姚飞建立了包含舆情流通量指标、舆情要素指标、舆情状态趋势指标三个二级指标的评估指标体系，以指导网络舆情的监测与预警[17]；李雯静等以网络舆情信息的汇集、分析与预警工作流程为基础，通过主题信息分类与统计获取若干指标值，以辅助舆情工作者实现对网络舆情横向和纵向的监测与评估[18]；曾润喜利用问卷调查法构建了包括警源、警兆、警情三类因素和现象的突发事件网络舆情预警指标体系[19]；张一文等提出了包含事件舆情爆发力、媒体影响力、网民作用力和政府疏导力四个一级指标的突发事件网络舆情热度评价指标体系，为网络舆情的控制、引导等提供理论依据[20]；高承实等、张玉亮分别从主题分类和发生周期的视角，刘毅、王铁套等、陈越等、潘崇霞分别利用三角模糊数、模糊综合评价、TOPSIS方法、灰色理论等理论方法探讨了网络舆情监测预警指标体系的构建[21~26]；王铁套等结合模糊综合评价法和改进的 Elman 神经网络模型对网络舆情进行综合评判，构建了网络舆情威胁估计模型，并通过仿真实验，验证了模型的有效性与准确性[27]；付业勤等则针对旅游危机事件网络舆情的特征，构建了相应的监测预警指标体系[28]。

在网络舆情引导机制方面，肖文涛和范达超站在行政管理的视角上分析了政府及官员在应对网络舆情时所面临的困难，并从增强危机意识、信息公开、法治建设、畅通民意表达渠道等方面探讨了舆情引导的有效策略[29]；陈波等通过对传统疾病传播模型的拓展与改进，建立了带直接免疫的 SEIR 舆情传播控制模型，结合 Wiki 技术建立了舆情控制平台，并通过仿真实验验证了平台的有效性[30]；潘芳等针对突发事件网络舆情的管控机制，建立了基于负载均衡的舆情管控模型，解决了同级管控部门的任务分配问题[31]。此外，针对食品安全网络舆情的监测与干预问题，个别学者也进行了初步的探讨。刘文和李强分析了我国食品安全风险信息管理的现状与食品安全网络舆情的特点，提出了提高我国食品安全网络舆情监测与管控能力的建议[32]。

从现有的文献来看，网络舆情的监测预警与引导机制是我国现阶段网络舆情研究的热点问题，研究视角与方法多元，研究成果丰富。对于食品安全网络舆情来说，这个问题同样是重要的研究内容。

（四） 其他研究

除了上述内容，相关学者还针对网络舆情的其他方面做了一些零散的研究。毕宏音从心理学的角度研究了群体压力、群体极化、集体无意识、群体互动等群体影响力对网络舆情形成和变动过程的影响[33]；姜珊珊等、刘志明和刘鲁分别从社会学的角度研究了网络舆情中意见领袖的作用与识别[34~35]；王子文和马静从政治学的角度研究了网络舆情中网络推手的行为组织特点及应对策略[36]；王兰成和徐震、李嘉和张朋柱分别从语言学的角度研究了网络舆情的知识模型与冲突类语言行为分类体系[37~38]；曹效阳等通过分析互联网的物理结构与网站结构，构建了网络舆情的结构化模型[39]；王根生提出了单极聚化、两极裂化等 4 种网络舆情群体极化现象，并通过分析群体极化影响因素之间的关系构建了网络舆情群体极化动力模型，为网络舆情监管提供方法指导[40]。上述文献从不同学科领域探讨网络舆情的相关问题，充分体现了网络舆情研究的学科交叉性特征。

综观上述文献可以看出，现阶段有关网络舆情的研究无论是在内容上还是在方法上都已较为全面。然而，在这些丰硕的研究成果背后，还存在一些不足，它们正是后续深入研究所要解决的重要问题。

三 现有研究存在的不足

从总体上看，现有文献在研究方法、成果应用等方面仍存在有待进一步探讨与解决的问题。

在研究方法方面存在以下问题。

（一） 忽视网络舆情的复杂性与系统性

首先，网络舆情主要由主体（网民、媒体、政府）、客体（社会公共事务）以及载体（互联网）三个方面的要素组成。其中，由于人的心理以及知识背景的差异、行为决策的有限理性以及社会群体压力等，主体的行为往往具有一定的复杂性；社会公共事务涉及不同主体的利益，由于媒体的舆论导向宣传、不同利益诉求主体的推动、政府的决策行为等因素的影响，其发展过程也呈现较大的不确定性；而互联网作为典型的复杂网络，其自组织、小世界、无标度等特性也会影响舆情的传播过程，从而进一步增加舆情发展过程的复杂性。然而，现存大部分研究还在采用科学实证主义的研究方法以寻求统计意义上的因果关系，殊不知在某些情况下（特别是在具有一因多果、多因一果、多因多果的复杂性问题中），平均指标与个体的关系并不大，因而难以获得真实的因果关系。因此，在面对网络舆情这个具有复杂性特征的问题时，线性的科学实证主义研究方法已难以适用，需要采用适宜复杂性问题的研究方法，如文献［40］所采用的系统动力学方法，以研究多因素之间的作用关系。

其次，从系统的视角看，网络舆情系统是主体、客体以及载体的有机组合，它们之间通过非线性作用呈现复杂性。某些文献虽然注意到网络舆情各要素所存在的复杂性，但是往往只关注单个要素的复杂性，如只分析网络结构的复杂性或只分析主体行为的复杂性，而忽略了它们之间的关系，因而难以全面分析网络舆情系统的复杂性问题。对于此类问题，自下而上的研究方法更为合适，如文献［9］，通过 Multi – Agent 模拟仿真的方法研究危机沟通环境中网络舆情的演变过程，且引入了舆论子场（Opinion – Subfield）因素，使仿真更接近现实情况。然而，这篇文献在描述网络舆情时，还是忽略了互联网结构的复杂性，这可能与建模的难度有关。

（二）缺乏实证数据的支撑

理论来源于实践，实践是检验真理的唯一标准。网络舆情研究也是如此。网络舆情是现实的公众社会政治态度在互联网平台中的映射。因此，无论是探讨网络舆情的特征以及演变规律，还是验证网络舆情监测预警以及引导控制的机制与手段的有效性，都需要现实数据的支撑。然而，在现有文献中，能够真正做到以现实数据为基础进行分析，并通过实证数据对分析结果进行检验的研究较少，例如有关网络舆情演变与影响因素之间的关系以及网络舆情的预警与管控等，还主要以理论分析为主，这大大降低了研究的可信度。

在成果应用方面存在以下问题。

（一） 舆情挖掘技术难以应用

虽然相关文献已经对网络舆情数据挖掘技术及系统设计进行了较为深入与广泛的研究，但是难以直接应用于网络舆情特别是食品安全网络舆情话题的识别与分析。如文献［4］只是运用定性描述的方法构建了公共信息网络舆情智能分析系统，而文献［3］也只是提出了网络舆情信息挖掘分析模型，其在应用实例中所运用的文本挖掘软件 TextAnalystv 2.3 是一个英文文本挖掘软件，无法处理中文。因此，需要进一步研究网络舆情挖掘技术的实现，为舆情的特征分析以及监测预警提供技术支撑。

（二） 部分舆情监测预警指标难以评估

关于网络舆情的监测预警，相关文献从不同角度进行了大量的论述，包括舆情的主题内容、传播过程、影响力以及受众等，基本上涵盖了舆情大部分的监测点。现有的指标体系虽然比较全面，但是有些指标难以评估。如文献［24］将"事后影响度"作为网络舆情预警模型中的指标。然而，由于突发事件的广泛影响性，难以对其事后的影响情况做比较客观的评价。因此，在后续的研究中，需要在进一步完善网络舆情监测预警指标体系的同时，更注重指标的评估难度，从而提高指标体系的科学性与实用性。

可见，网络舆情的相关文献虽然丰富，但在研究方法与成果应用方面还存在一些问题。下面将在上述分析的基础上，结合食品安全事件的特征，探讨食品安全网络舆情的特点与研究展望。

四 食品安全网络舆情研究展望

相对于网络舆情来说，有关食品安全网络舆情的研究则比较匮乏。食品安全网络舆情是特定领域中的网络舆情，因此它既具有网络舆情的一般性，又具有食品安全领域的特殊性。刘文和李强指出，食品安全网络舆情具有时效性更强、针对性更强、互动性更强以及真实性和可靠性不稳定 4 个特征[32]。从我国食品安全事件的特征来看，大部分事件都是由食品生产主体的不当行为以及违反食品技术规范与标准体系等故意违规违法行为造成的，因此更容易激发民众的愤怒情绪，并引发公众对食品安全的恐慌。可见，食品安全网络舆情除了上述 4 个特征之外，还具有公众关注度高、影响范围广、如果处理不当则社会危害巨大等特征。因此，研究食品安全网络舆情的变化规律及其监测预警与引导控制机制具有重大的理论与现实意义。

关于食品安全网络舆情的主要研究内容，首先，理论来源于实践，食品安全网络舆情研究以互联网中与舆情相关的数据为基础，因此数据挖掘技术分析与软件设计是开展研究的前置准备工作；其次，食品安全网络舆情是一个同时涉及社会系统与技术系统的复杂系统，需要采用还原论方法与整体论方法辩证统一的系统论思想进行研究[41]。在研究之初，要站在系统整体的视角上，对系统的要素进行还原分解，以研究要素的特征以及要素之间的关系；然后要以要素分析为基础，对系统的整体行为进行模拟与仿真，探讨其演化机理；接下来要通过演化机理分析，找出食品安全网络舆情的关键控制点；最后要针对舆情发展的关键控制点，建立相应的监测与预警体系，并从政府的角度分析舆情引导与控制的政策与措施。

（一）食品安全网络舆情数据挖掘技术研究与软件设计

讨论帖、媒体报道等与食品安全网络舆情相关的数据大多以半结构化或非结构化的形式散落在互联网中，其本身无法反映舆情的特征与演化规律，需要通过挖掘与分类，才能应用于舆情研究。因此，食品安全网络舆情研究要以数据挖掘技术为起点，深入分析网络海量信息抓取、自然语言处理、主题监测与跟踪、文本分类与聚类等关键技术，并通过系统构建与可视化软件设计，形成科学、高效的舆情挖掘与分析软件。该软件是连接现实数据与理论研究的重要桥梁。

（二）食品安全网络舆情生成与发展的影响因素分析

对食品安全网络舆情相关要素的特征进行分析，并利用食品安全网络舆情数据挖掘软件，研究各要素之间的关系。针对此类问题，国外学者做过类似的研究。Helsloot 和 Ruitenberg 研究了危机事件中事件特征对不同群体心理和行为的影响[42]；Fiona Duggan 和 Linda Banwell 则通过构建危机事件信息传播模型来分析影响危机信息扩散的因素，并指出在信息扩散过程中，信息发送者的编码规则对信息传播具有主导作用[43]。结合上述国外的研究，食品安全网络舆情生成与发展的影响因素可以通过如下 5 个要素展开分析：食品安全事件的属性特征、媒体行为、政府行为、网民行为以及互联网特征。

在具体研究中，可以利用前文所述的数据挖掘软件，分析不同食品安全事件对同一社会群体的影响的差异，如针对地沟油、染色馒头、三鹿奶粉等事件，通过对网易微博、新浪微博、天涯论坛等国内大型网络交流平台相关舆论数据的挖掘，分析网民群体对不同事件的舆情反应有何不同。当然，仅依赖数据挖掘软件无法完成对食品安全网络舆情演变的影响因素的分析，这是因为网民特征、政府措施等因素无法在讨论帖中获取，需要通过问卷设计与调查进行研究。其中，理性行为理论、计划行为理论、整合性行为模式、前景理论、社会认知理论等都是问卷设计重要的理论基础。此外，由于问卷调查受到样本数量及问卷质量的影响，往往难以体现被访者真正的想法，因此在分析相关因素对网民行为的影响时，可同时采用实验经济学的方法，以得出更为准确的结论。

（三）食品安全网络舆情的发生与发展机理研究

食品安全网络舆情是一个复杂系统，可采用 Multi - Agent 仿真建模方法对舆情的演变机理进行研究。Multi - Agent 仿真建模包含两个方面：一个方面是 Agent 主体之间以及 Agent 主体与环境之间的交互机制，即行为规则，这部分研究以前文所述的研究成果为基础；另一个方面是舆情传播网络的结构特征，如网络的小世界和无标度特征以及演变路径的幂率分布特性等，这部分研究需要借助前文所述的舆情挖掘软件，通过数据挖掘，分析舆情传播主体构成的网络，以获得关于网络类型特征的描述。上述两方面问题得到解决之后，在 NetLogo、Swarm、Repast、MASON 等仿真平台上对特定食品安全事件的网络舆情演变进行仿真模拟，分析舆情演变过程的机理。

（四） 食品安全网络舆情演化的关键控制点分析

食品安全网络舆情引导与控制是一个多目标问题，不仅要考虑公众的知情权与言论自由等个体权益，更要注意关系公共权益的社会稳定问题。首先，运用定性定量相结合的方法，分析食品安全网络舆情引导与控制目标的要素及要素间的关联，并通过情景分析，探讨不同情景下目标的统筹与优先权的设置；其次，结合前文所述食品安全网络舆情的演变机理，利用 Petri 网模型构建传播过程以及引导与控制手段之间的关联网络，并通过改变网络的结构、传播的控制逻辑与时机以及假定的输入流来考察影响因子对管控目标的影响；最后，基于食品安全网络舆情的复杂网络拓扑结构与管控手段的非线性关联特征，分析基于 Petri 网模型的管控网络的无标度性和幂率性特征，探寻食品安全网络舆情演化的关键控制点。此外，从微观层面看，推动食品安全网络舆情演化的重要因素是政府、媒体以及网民等主体之间的博弈。可运用博弈论来分析舆情主体之间的相互制衡，为舆情管控政策的制定提供理论支撑。

（五） 食品安全网络舆情的监测预警与引导控制措施

借助前文所述的食品安全网络舆情数据挖掘软件，针对食品安全网络舆情演化的关键控制点，建立舆情监测预警评价指标体系，探索政府的监管模式、管理框架和工作流程，构建舆情监测预警系统。综合社会学、心理学、管理学等方面的知识，结合政府现有的管理机构与管理制度，制定食品安全网络舆情引导与控制措施，并采用计算实验的方法对相关措施的实施效果进行模拟分析。同时，采用社会实验的方法对措施的效果进行实证分析，并与计算实验的结果进行对比，分析计算实验理论模型的不足，并加以改进，使其更接近实际情况。最后，分析措施实施的影响因素，并对相关措施的制定与实施方式进行改进，进一步增强实施的效果。

五　结论

食品安全直接影响公众的健康安全，受到整个社会的广泛关注。开展食品安全网络舆情监测，有助于对食品安全事件进行监督，对及时发现、及时预警、及时处置食品安全问题具有重要意义，它是推动食品安全风险信息有效管理的重要手段。然而，网络的自由性、隐蔽性等特征，常常会被一些心存不良动机的人所利用，在发生相关事件之后，他们会大肆发布具有煽动性的夸大的甚至虚假的信息，引起社会恐慌，严重危害社会稳定。因此，如何准确把握食品安全网络舆情的特征与演变规律，并在此基础上采取科学、合理、有效的引导与控制措施，是当前迫切需要研究的重要课题。

通过文献回顾可以发现，有关食品安全网络舆情的研究比较匮乏，而关于网络舆情的文献虽然比较丰富，但在研究方法与成果应用等方面存在诸多问题。在现有研究的基础上，本文结合食品安全网络舆情的特点，提出食品安全网络舆情研究的主要内容，并分析每部分内容的主要问题与研究方法。食品安全网络舆情研究具有学科交叉的特点，研究视角丰富，研究内容广泛，而本文所提出的只是管理学视角下的部分研究内容。此外，虽然国外专门针对网络舆情特别是食品安全网络舆情的研究比较少，但是相关领域的研究比较丰富，如数据挖掘技术、复杂网络动力学建模等，对相关问题的深入探讨具有较强的指导与借鉴意义，在以后的研究中需要进一步加强。

参考文献

［1］王来华：《舆情研究概论——理论、方法和现实热点》，天津科学院出版社，2003，第 32 页。

［2］张克生：《国家决策：机制与舆情》，天津社会科学院出版社，2004，第 17 ～ 19 页。

［3］黄晓斌、赵超：《文本挖掘在网络舆情信息分析中的应用》，《情报科学》2009 年第 1 期，第 94 ～ 99 页。

［4］范立国：《公共信息网络舆情智能分析系统的分析与设计》，《情报科学》2010 年第 11 期，第 1714 ～ 1718 页。

［5］张玉峰、何超：《基于 Web 挖掘的网络舆情智能分析研究》，《情报理论与实践》2011 年第 4 期，第 64 ～ 68 页。

［6］黄敏：《网络舆情热点挖掘算法研究与实现》，《安徽大学学报》（自然科学版）2012 年第 6 期，第 67～72 页。

［7］李祝启、陆和建、申林：《政府网络舆情日志大数据挖掘实证研究》，《情报科学》2014 年第 11 期，第 58～61 页。

［8］李弼程、林琛、周杰、王允：《网络舆情态势分析模式研究》，《情报科学》2010 年第 7 期，第 1083～1088 页。

［9］宗利永、顾宝炎：《危机沟通环境中网络舆情演变的 Multi‐Agent 建模研究》，《情报科学》2010 年第 9 期，第 1414～1419 页。

［10］曾润喜、徐晓林：《网络舆情的传播规律与网民行为：一个实证研究》，《中国行政管理》2010 年第 11 期，第 16～19 页。

［11］兰月新、邓新元：《突发事件网络舆情演进规律模型研究》，《情报杂志》2011 年第 30 卷第 8 期，第 47～50 页。

［12］李纲、董琦：《Web 2.0 环境下企业网络舆情传播过程的研究及实证分析》，《情报科学》2011 年第 12 期，第 1810～1814 页。

［13］周耀明、张慧成、王波：《网络舆情演化模式分析》，《信息工程大学学报》2012 年第 3 期，第 334～341 页。

［14］兰月新：《突发事件网络舆情谣言传播规律模型及对策研究》，《情报科学》2012 年第 9 期，第 1334～1338 页。

［15］强韶华、吴鹏：《突发事件网络舆情演变过程中网民群体行为仿真研究》，《现代图书情报技术》2014 年第 6 期，第 71～78 页。

［16］吴少华、崔鑫、胡勇：《基于 SNA 的网络舆情演变分析方法》，《四川大学学报》（工程科学版）2015 年第 1 期，第 138～142 页。

［17］戴媛、姚飞：《基于网络舆情安全的信息挖掘及评估指标体系研究》，《情报理论与实践》2008 年第 6 期，第 873～876 页。

［18］李雯静、许鑫、陈正权：《网络舆情指标体系设计与分析》，《情报科学》2009 年第 7 期，第 986～991 页。

［19］曾润喜：《网络舆情突发事件预警指标体系构建》，《情报理论与实践》2010 年第 1 期，第 77～80 页。

［20］张一文、齐佳音、方滨兴、李欲晓：《非常规突发事件网络舆情热度评价体系研究》，《情报科学》2011 年第 9 期，第 1418～1424 页。

［21］高承实、荣星、陈越、邬江兴：《基于主题分类的网络舆情观测指数体系研究》，《情报杂志》2012 年第 5 期，第 36～39 页。

［22］张玉亮：《基于发生周期的突发事件网络舆情风险评价指标体系》，《情报科学》

2012 年第 7 期，第 1034 ~ 1037 页。

［23］刘毅：《基于三角模糊数的网络舆情预警指标体系构建》，《统计与决策》2012 年
第 2 期，第 12 ~ 15 页。

［24］王铁套、王国营、陈越：《基于模糊综合评价法的网络舆情预警模型》，《情报杂
志》2012 年第 6 期，第 47 ~ 51 页。

［25］陈越、李超零、于洋、黄惠新：《基于 TOPSIS 方法的网络舆情威胁评估模型》，
《情报杂志》2012 年第 3 期，第 15 ~ 19 页。

［26］潘崇霞：《基于灰色理论的网络舆情危机预警研究》，江西财经大学信息管理学
院硕士学位论文，2012。

［27］王铁套、王国营、陈越：《一种基于 Elman 神经网络的网络舆情威胁估计方法》，
《信息工程大学学报》2012 年第 4 期，第 482 ~ 488 页。

［28］付业勤、郑向敏、郑文标、陈雪钧、雷春：《旅游危机事件网络舆情的监测预警
指标体系研究》，《情报杂志》2014 年第 8 期，第 184 ~ 189 页。

［29］肖文涛、范达超：《网络舆情事件的引导策略探究》，《中国行政管理》2011 年第
12 期，第 24 ~ 28 页。

［30］陈波、于泠、刘君亭、褚为民：《泛在媒体环境下的网络舆情传播控制模型》，
《系统工程理论与实践》2011 年第 11 期，第 2140 ~ 2148 页。

［31］潘芳、仲伟俊、胡彬、徐敬海：《突发事件网络舆情的管控机制及效率测评》，
《情报杂志》2012 年第 5 期，第 40 ~ 45 页。

［32］刘文、李强：《食品安全网络舆情监测与干预研究初探》，《中国科技论坛》2012
年第 7 期，第 44 ~ 49 页。

［33］毕宏音：《网络舆情形成与变动中的群体影响分析》，《天津大学学报》（社会科
学版）2007 年第 3 期，第 270 ~ 274 页。

［34］姜珊珊、李欲晓、徐敬宏：《非常规突发事件网络舆情中的意见领袖分析》，《情
报理论与实践》2010 年第 12 期，第 101 ~ 104 页。

［35］刘志明、刘鲁：《微博网络舆情中的意见领袖识别及分析》，《系统工程》2011 年
第 6 期，第 8 ~ 15 页。

［36］王子文、马静：《网络舆情中的网络推手问题研究》，《政治学研究》2011 年第 2
期，第 52 ~ 56 页。

［37］王兰成、徐震：《基于本体的主题网络舆情知识模型构建研究》，《信息工程大学
学报》2012 年第 2 期，第 229 ~ 234 页。

［38］李嘉、张朋柱：《网络舆情冲突类言语行为研究》，《情报科学》2012 年第 7 期，
第 1076 ~ 1082 页。

[39] 曹效阳、曹树金、陈桂鸿：《网络舆情的结构与网络特征分析》，《情报科学》2010 年第 2 期，第 231 ~ 234 页。

[40] 王根生：《网络舆情群体极化动力模型与仿真分析》，《情报杂志》2012 年第 3 期，第 20 ~ 24 页。

[41] 于景元：《钱学森综合集成体系》，《西安交通大学学报》（社会科学版）2006 年第 6 期，第 40 ~ 47 页。

[42] Helsoot, I., Ruitenberg, A., "Citizen Response to Disasters: A Survey of Literature and Some Practical Implications," *Journal of Contingencies and Crisis Management*, 2004, 12 (3): 98 – 111.

[43] Duggan, F., Banwell, L., "Constructing a Model of Effective Information Dissemination in a Crisis," *Information Research*, 2004, 5 (3): 178 – 184.

媒体合作网络信息传播研究

——以"福喜肉"舆情事件为例[*]

洪小娟　姜　楠　洪　巍[**]

摘　要： 在新媒体技术大发展的背景下，信息资源的稀缺性使媒体在不同利益机制的作用下进行舆情信息转发等合作行为，大范围、快速的转发行为直接推动着舆情事件的发展。本文以 2014 年"福喜肉"舆情事件为例，剖析媒体合作网络的结构特征、媒体在网络中的优越性与特权性、各子群内部及子群之间的关系等，分别进行密度、平均最短路径、中心性、度分布、块模型等分析。研究发现，在具有无标度特性的媒体合作网络中，核心媒体推动着舆情信息在大范围扩散。研究还发现在媒体合作网络中各节点、子群的结构并不对等，在舆情监控过程中应重点监控集散节点及群体，以引导舆情良性发展。

关键词： 网络媒体　合作网络　信息传播　社会网络分析　网络舆情

一　引言

资源稀缺是社会主体合作的动力，对于舆情传播主体——媒体来说同

* 国家自然科学基金项目"食品安全网络舆情演化机理与应对策略研究"（编号：71303094）的研究成果之一；教育部人文社科基金项目"移动互联网舆情与线下集合行为的耦合性研究"（编号：11YJC630059）的研究成果之一；江苏省高校哲学社会科学优秀创新团队"网络文化安全与管理研究"建设项目（编号：2013 - 011）的研究成果之一；江苏省自然科学基金项目"基于复杂网络的食品安全舆情的演化机理与动力学仿真研究"（编号：BK2012126）的研究成果之一。

** 洪小娟（1975～），女，江苏沭阳人，南京邮电大学管理学院副教授，研究方向为网络舆情；姜楠（1992～）女，江苏宿迁人，南京邮电大学管理学院研究生，研究方向为网络舆情；洪巍（1983～），男，江南大学江苏省食品安全研究基地副教授，研究方向为食品安全网络舆情。

样如此。由于新兴网络技术的发展，网络空间的信息呈现爆炸式增长态势，网络媒体对于信息的获取与传递不再单纯地依赖于自身所具有的信息资源和能力，而是更多地转向外部资源，尽可能以最少的时间成本获取更为丰富、更具价值的信息资源。然而由于类型、信息获取渠道等差异，不同媒体所占据或拥有的信息资源往往不同，新闻信息服务类等综合型网络媒体占据较多专业权威的社会性信息资源，而网络原生型媒体则占据更为丰富的草根平民化信息资源。因此，研究不同媒体间的转发等信息合作行为对于剖析舆情的传播与扩散具有重要意义。

合作作为一种联合行动，是个体或群体为达到某一目标而与其他个体或群体配合的行动[1]。近年来，基于合作网络的相关研究已逐渐成为热点，主要集中于科研、创新等领域。从本质上看，媒体之间的信息转发等行为也可视为合作，它是不同媒体在利益协调机制下所进行的转载等行为。参照合作的定义，本文将舆情传播过程中的媒体合作界定为不同媒体之间为了实现舆情的传播、扩散所进行的转载等行动。

研究合作现象，其本质就是研究合作主体之间的关系[2]。而社会网络分析（Social Network Analysis，SNA）正是以研究关系见长的一种方法[3]。国外许多学者已将社会网络分析用于研究合作网络，Newman 运用聚类系数、最短路径以及中心性等指标分析科研合著现象，发现合著的合作网络具有小世界效应[4,5]。此外，一些学者立足于生物医学等领域，发现该领域的合作网络并不具有无标度特性，指出可以通过特征向量中心度这一指标来衡量合作参与人在合作网络中的重要性[6]。目前国内许多学者已经将社会网络分析应用于合作网络的研究中，指出可以通过密度、平均路径长度、聚类系数等指标反映网络集聚程度，揭示网络的结构形态特征，衡量合作关系的紧密程度[7,8]；而中心性分析可以用来衡量节点在网络中的优越性和特权性，有效挖掘意见领袖[7,9]。也有一些学者在研究度分布特征的基础上发现合作网络具有无标度特性，发现具有无标度特性的合作网络具有稳健性和脆弱性，且存在少数集散节点[10]。此外，小团体分析、角色分析等社会网络分析方法也被广泛运用于合作网络的研究中[7,11]。

上述研究已经取得了一系列有价值的成果，对于展现合作网络结构和关系特征具有重要的意义，对本文具有重要的借鉴意义。然而，现有关于合作网络的研究很少涉及舆情领域。鉴于此，本文拟以舆情传播过程中的媒体合作网络为研究对象，分析媒体合作网络的特征，挖掘该网络中的核心媒体，并进行位置－角色分析。区别于已有研究，首先，本文以舆情信息传播为视角，以媒体为研究对象，丰富了对合作网络和舆情的研究；其次，不同媒体之间的合作构成了合作网络中功能各异的子网，本文运用块模型这一位置－角色分析方法，深入探讨了这些子网之间的运行耦合及其功能，对于理解媒体合作网络的发展演化具有重要意义。

二　研究设计

（一）"福喜肉"舆情事件概述

2014 年 7 月 20 日晚，东方卫视曝光了上海福喜集团存在大量采用过期变质肉原料的行为。由于福喜集团是肯德基、麦当劳等知名"洋快餐"的供应商，涉及面广，此事一经曝光便迅速演变成影响范围广、关注度高的社会舆论事件。据统计，事件爆发当日网络媒体的相关新闻报道有近 80 篇，微博相关话题达 800 余条[12]，截至 7 月 25 日 16 时，关于该事件的新闻报道更是超过 4 万篇[13]，舆情呈现全网爆发状态。从上海本地网络媒体（如 SMGNEWS、看看新闻网、新浪上海等）曝光事件内幕，到微博平台的各大网络媒体（央视新闻、人民日报社等）积极参与该事件的讨论与传播，"福喜肉"事件持续发酵，最终演变成网络热点事件。因此，深入探究媒体合作网络对舆情信息传播的影响显得尤为重要。

（二）数据收集与处理

本文以新浪微博为数据收集平台，以 SMGNEWS、看看新闻网、央视新闻、人民日报社等各大网络媒体发布的"福喜肉"相关微博为收集对象。考虑到"福喜肉"舆情事件的主要发展阶段为 2014 年 7 月 20 日晚至 7 月 25 日晚，故将数据搜索时段限定为 7 月 20 日晚至 7 月 25 日。

将每个媒体视为节点，媒体间存在的舆情信息流动视为媒体间存在关系，并且这种合作关系具有方向性，即若媒体 B 转发了媒体 A 发布的信息，则媒体 A、B 之间存在一条从媒体 A 出发指向媒体 B 的有向线段。据此，本文在整理相关媒体转发关系的基础上提取 224 个媒体节点，通过各媒体之间的转发关系构建 224×224 的邻接矩阵，并进行可视化处理，如图 1 所示。

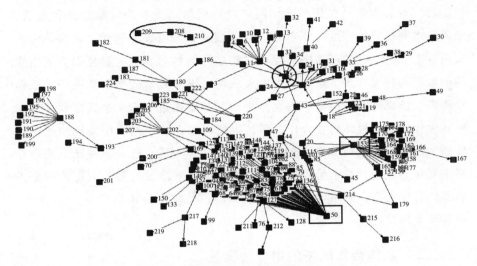

图 1　"福喜肉"舆情媒体信息传播合作网络

从图 1 可以直观地发现若干出度较大的节点，如编号为 50（央视新闻）和 153（人民日报社）的媒体，这类媒体在"福喜肉"舆情媒体合作网络中扮演着信息领袖的角色，其他媒体通过转发其发布的信息与之建立合作关系。相比之下，编号为 5（生活周刊杂志社）的媒体入度较大，其在该媒体合作网络中主要通过转发其他媒体的信息来建立合作关系。此外，除了椭圆形框圈出的群体外，整个合作网络基本上是相互贯通的。若将节点之间的合作关系剔除，则该媒体合作网络将变成一个个孤立的节点，"福喜肉"舆情便不能实现大范围的传播。

三　媒体合作网络刻画

（一）媒体合作网络的基本结构特性

作为描述网络结构的重要指标，网络密度和平均路径长度主要用于刻画节点的关系紧密程度和网络凝聚性。网络密度越大，表明节点之间的合作关系越紧密，互动程度越频繁。而平均路径长度则用于测量节点之间建立合作关系的最短路径，平均路径长度越短，表明网络节点之间建立合作关系越便捷，舆情在网络中扩散的速度越快。

对"福喜肉"舆情媒体合作网络进行网络密度和平均最短路径分析，结果显示网络整体密度为 0.0048，表明建立在转发关系基础上的媒体合作关系并不紧密，合作网络中可能存在较多的结构洞。这主要是因为网络媒体的数量和种类繁多，但影响力较大的网络媒体数量较少。就平均最短路径而言，该媒体合作网络中的媒体平均只需要通过 1.654 个媒体就可以与网络中任何一家媒体建立合作关系，舆情可以在合作网络中实现快速畅通传播。而建立在距离基础上的凝聚力指数为 0.006，进一步验证了该合作网络凝聚力较低。综上可以发现，该媒体合作网络较为稀疏，媒体间缺乏紧密的合作关系，网络中存在较多结构洞；在媒体合作推动下"福喜肉"舆情可实现快速畅通传播。

（二）媒体合作网络的中心性测量

作为社会网络分析的重要研究方法，中心性主要包括中心度和中心势两类量化指标。其中，中心度已经被广泛用于测量节点在网络中的优越性和特权性，而中心势则用于刻画网络的总体整合程度。

1. 点度中心度

媒体合作网络中某一节点的点度中心度表示该节点与其他节点合作的强度，即网络媒体发布的信息被转发的次数与其转发其他媒体信息次数的总和。较高的点度中心度意味着该媒体与网络中较多的媒体建立合作关系，信息交流程度及合作强度较大，对舆情发展、传播的影响和贡献较大，此类网络媒体具有较高的权威性，影响力较大。

2. 中间中心度

中间中心度主要用于测量节点在网络中的控制能力。若某一网络媒体居于较多点对点的合作关系路径上，则该媒体具有较高的中间中心度，可以通过影响节点之间合作关系的建立，控制信息传递，进而影响整个合作网络舆情信息的扩散，在网络中充当"桥"或"中介者"的角色，这类媒体的缺失可能会削弱网络中媒体的合作强度。

3. 接近中心度

在媒体合作网络中,如果某一媒体可以通过较短的路径与其他媒体建立合作关系,进行信息传递与沟通,则该媒体的接近中心度值较小,在网络中居于核心位置,对合作网络信息资源的影响较大,具有较大的权力和声望。

表 1   媒体合作网络中心度、中心势测度结果

点度中心度		中间中心度		接近中心度	
央视新闻	98	央视新闻	18999.301	央视新闻	1197
人民日报社	30	人民日报社	5408.247	北京日报社	1294
SMGNEWS	13	21 世纪经济报道社	4159.833	987 私家车广播	1334
看看新闻网	12	第一财经日报社	3543.674	辽视王刚讲故事	1334
21 世纪经济报道社	10	SMGNEWS	3393.54	浙江在线嘉兴频道	1334
财经网	10	生活周刊杂志社	2807.302	辽视第一时间	1334
生活周刊杂志社	9	北京日报社	2749.621	新台州	1347
第一财经日报社	7	新华视点	2460.583	无锡广播	1349
新华视点	6	看看新闻网	2433.224	青岛晚报	1357
羊城晚报社	5	济南献血	2309	警视	1359
点度中心势 = 43.37%		中间中心势 = 75.72%		—	

网络中心性最强的节点具有最大的点度中心度、中间中心度以及最小的接近中心度

中心度测度结果显示(见表1),在"福喜肉"舆情媒体合作网络中存在网络中心性较强的节点。这些节点主要是受关注度较高的权威性网络媒体,如央视新闻、人民日报社、北京日报社等,此外还包括 SMGNEWS、看看新闻网等最早在网络平台发布"福喜肉"相关信息的媒体。其中,央视新闻的网络中心性最强,与其他节点之间的合作关系最直接、最紧密,具有较强的合作交互能力、独立性以及资源控制力,在该媒体合作网络中居于重要的地位。值得注意的是,点度中心度较大的网络媒体同时具有较大的中间中心度,但并不具有较小的接近中心度值,说明在"福喜肉"舆情媒体合作网络中,合作交流能力强的媒体对网络中合作关系的影响和控制同样较大,但并不意味着它们不受其他媒体的影响。

就中心势而言,该媒体合作网络的点度中心势为 43.37%,整个网络

具有较高的中心势，集中趋势较为明显。而中间中心势为 75.72%，表明整个合作网络中大部分的媒体要通过中介媒体才能与其他媒体建立合作关系，网络中存在较多充当"桥"或"结构洞"角色的媒体（如第一财经日报社、新华视点）。由于该媒体合作网络存在孤立的小群体，故网络的接近中心势无法计算。

（三）媒体合作网络的节点度分布

节点度是指网络中与节点相连的边的数量。节点度分布指网络中度为 k 的节点的概率 $p(k)$ 随节点度 k 的变化规律。如果某一网络的节点度服从幂律分布，即 $p(k) \propto k^{-r}$，则称该网络具有无标度特性，表现为在选择连接点时，新节点会择优连接到度数较大的节点上[14]。具有较大度数的节点占据了网络较多的资源，决定了整个网络信息资源的流动，是网络研究关注的重点。

在中心性测量的基础上，以度数 k 为自变量，以度为 k 的节点的概率 $p(k)$ 为因变量，进行拟合回归分析，拟合结果如图 2 所示，拟合的幂律函数为：

$$p(k) = 0.108k^{-1.072}$$

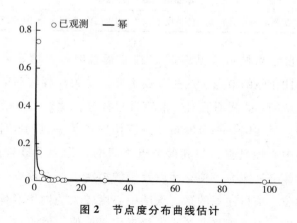

图 2　节点度分布曲线估计

从图 2 可以看出，"福喜肉"舆情媒体合作网络的节点度分布服从幂律分布，具有无标度特性。该媒体合作网络可以通过新媒体对舆情的转发而不断增强合作关系并扩大"福喜肉"舆情的传播范围，并且新进媒体会择优转发度数较大媒体所发布的信息，如央视新闻等，并把它们作为信息获取的主要渠道。具有无标度特性的媒体合作网络同时具有鲁棒性和脆弱性，网络中存在少数集散节点，如央视新闻、人民日报社等。当这些媒体受到攻击时，整个"福喜肉"舆情的媒体合作网络会出现雪崩效应。

（四）媒体合作网络的块模型分析

作为基于结构对等性的网络位置模型研究方法，块模型将网络中的 N 个行动者按照某一法则 ϕ 分配到各个块 B_1，B_2，$\cdots$，B_B，若 $\phi(i)=B_K$，表示第 i 个行动者处于块 B_k 中。用 b_{kir} 表示位置 B_K 和位置 B_L 在关系 X_r 上是否存在关系，若存在关系，$b_{kir}=1$，否则 $b_{kir}=0$。块模型提供了关于各个位置或子群之间关系的信息，有利于研究网络的总体特征[15]。

块模型的构建分两大步骤：①采用 CONCOR（迭代相关收敛法）对行动者进行分区；②根据某种标准确定各个块的取值。关于如何确定各个块的取值，不同的研究问题采用的标准不同。本文采用目前最常用的标准 α-密度指标，其中 α 为网络密度，对"福喜肉"舆情媒体合作网络进行块模型分析（见图3和表2）。

表2　块分组情况

	块分组主要代表性构成
块1	转发看看新闻网、SMGNEWS 等媒体微博信息的39家网络媒体，包括看看新闻网、SMGNEWS、第一财经日报社、新华视点等
块2	在小规模群体范围内转发"福喜肉"微博的60家网络媒体，如京华日报社、财经网、都市快报社、21世纪经济报道社等
块3	人民日报社、杭州地产官微2家媒体，其中杭州地产官微转发块2内媒体发布的信息
块4	大多是转发人民日报社"福喜肉"微博的24家媒体，如南都周刊杂志社、北京青年报社、新民周刊杂志社
块5	至少共同转发过央视新闻、人民日报社"福喜肉"微博的5家网络媒体：北京日报社、辽视第一时间、辽视王刚讲故事、浙江在线嘉兴频道、987私家车广播
块6	仅包括央视新闻1家媒体

续表

	块分组主要代表性构成
块 7	转发央视新闻"福喜肉"微博的 90 家网络媒体，如南京零距离、大连日报社、新台州、北京商报社等，其中新台州和无锡广播还转发块 1 内新华视点的微博
块 8	共同转发央视新闻、21 世纪经济报道社"福喜肉"微博的 3 家网络媒体：警视、青岛晚报社、青岛交通广播 FM897

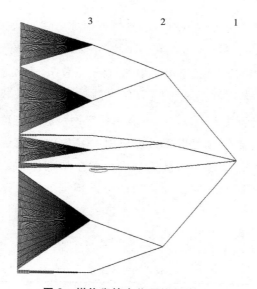

图 3　媒体舆情合作网络分块

结合图 3 和表 2 可知，建立在转发关系基础上的"福喜肉"舆情媒体合作网络可以划分为 8 块，各块内的媒体在结构上是对等的。其中，央视新闻独成一块，其与该媒体合作网络中其他媒体的位置存在差异。这主要是因为尽管央视新闻不是首先报道"福喜肉"事件的网络媒体，但在"福喜肉"舆情事件中处于核心节点位置，且受关注度和权威性最高，直接推动了"福喜肉"舆情事件的发展，在网络中拥有其他网络媒体无法比拟的优势。此外，处于块 3 的人民日报社尽管没有像央视新闻那样独成一块，但其转发媒体独成一块——块 4，可见人民日报社在"福喜肉"舆情事件媒体合作网络中影响范围较广、影响力较大。

表3 媒体合作网络块密度矩阵

	块1	块2	块3	块4	块5	块6	块7	块8
块1	0.025	0.007	0.013	0.000	0.005	0.000	0.001	0.000
块2	0.003	0.008	0.008	0.001	0.000	0.000	0.001	0.017
块3	0.000	0.008	0.000	0.500	0.005	0.000	0.000	0.000
块4	0.000	0.001	0.000	0.000	0.000	0.000	0.000	0.000
块5	0.000	0.000	0.000	0.000	0.000	0.000	0.000	0.000
块6	0.000	0.000	0.000	0.000	1.000	—	1.000	1.000
块7	0.000	0.001	0.000	0.000	0.000	0.000	0.000	0.000
块8	0.000	0.006	0.000	0.000	0.000	0.000	0.000	0.000

由表3知，块6与块5、块7、块8间的密度最大，均为1，说明块5、块7、块8内的绝大多数网络媒体均转发块6（央视新闻）发布的"福喜肉"微博信息，块与块之间建立了紧密的转发合作关系。而就块内媒体关系而言，块3、块4、块5、块7、块8的密度为0，其块内媒体均为一个个孤立的个体，媒体间均不存在转发这一合作关系。此外，块6所在列的密度值均为0，即入度为0，表明块6唯一的媒体——央视新闻主要是通过被其他块内媒体转发与其他块建立合作关系，在"福喜肉"舆情过程中扮演着信息传播者的角色。而块5的出度为0，表明块内网络媒体在该媒体合作网络中主要扮演信息接收者的角色。以网络整体密度0.0048为临界值进行二值化处理，将密度矩阵转为像矩阵，如表4所示。

表4 媒体合作网络像矩阵

	块1	块2	块3	块4	块5	块6	块7	块8
块1	1	1	1	0	1	0	0	0
块2	0	1	1	0	0	0	0	1
块3	0	1	0	1	1	0	0	0
块4	0	0	0	0	0	0	0	0
块5	0	0	0	0	0	0	0	0
块6	0	0	0	0	1	0	1	1
块7	0	0	0	0	0	0	0	0
块8	0	1	0	0	0	0	0	0

根据表 4 的像矩阵及各块的出入度关系，将"福喜肉"舆情媒体合作网络的块分为三大类。第一类是入度为 0、出度不为 0 的块，如块 1、块 6。块内媒体（看看新闻网、SMGNEWS、央视新闻等）主要通过向其他块内媒体传递信息来建立合作关系，在该媒体合作网络中扮演信息源的角色，具有较大的影响力。第二类是出度为 0、入度不为 0 的块，如块 4、块 5、块 7。这类块与其他块之间的合作关系仅仅是通过转发其他块内媒体发布的舆情信息实现的，在合作网络中充当信息接收者的角色。第三类是入度和出度均不为 0 的块，如块 2、块 3、块 8。此类块既可以通过向其他块传递舆情信息也可以通过转发其他块发布的舆情信息来与其他块建立合作关系，其在"福喜肉"舆情传播网络中充当"中转站"的角色。

为直观地展示"福喜肉"媒体合作网络中各块之间的关系及其功能，将像矩阵看成块之间的邻接关系矩阵，绘制像矩阵简化图（见图 4）。

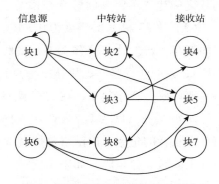

图 4　媒体合作网络像矩阵的简化

图 4 直观地展现了"福喜肉"舆情媒体合作网络中各块之间的转发及合作关系。该媒体合作网络作为一个联系紧密的整体，不存在孤立的块。其中，块 1、块 2 存在自反关系；网络中存在明显的等级结构，如块 1、块 6 充当信息源的角色，块 4、块 5、块 7 则仅充当信息接收站的角色，而块 2、块 3、块 8 在网络中充当信息中转站的角色，其既是信息接收者也是信息传播者。

四　结论

本文结合合作网络以及社会网络分析的相关理论，探究"福喜肉"舆情传播过程中的媒体合作网络，对该媒体合作网络进行基本结构特征、中心性、节点度以及块模型分析，得到以下结论。

第一，"福喜肉"媒体合作网络缺乏凝聚力，媒体之间缺乏紧密的合作关系，绝大多数网络媒体之间并无转发等合作关系，网络中仅央视新闻、人民日报社等少数媒体对舆情传播起决定性作用。说明在食品安全舆情事件的传播中，主流的官方媒体是核心节点。

第二，媒体中心度决定了其在合作网络中的优越性和特权性。在"福喜肉"媒体合作网络中，以央视新闻、人民日报社为代表的官方权威性媒体，因其广泛的社会影响力，在网络中往往担任信息传播者和网络搭建者的角色，对媒体合作网络的成长的推动作用更为显著。那些地方性媒体由于信息资源的稀缺，主要作用体现在对舆情信息的大规模转发上，对舆情的迅速扩散仅起到助推作用。

第三，媒体合作网络具有无标度特征，在择优选择机制的作用下，该合作网络能够充分发挥集散节点的影响力，最大限度地推动舆情信息的扩散。稳健性和脆弱性并存的结构特征使集散节点成为舆情监控的重点对象。在舆情发展过程中，相关监管部门应加大对那些集散媒体（如央视新闻、人民日报社）的关注与引导，以及时有效地推动舆情理性发展。

第四，从位置—角色角度看，整个媒体合作网络是一个联系紧密的整体，各个块之间存在明显的等级关系，它们在网络中的角色各不相同，有的媒体充当信息源的角色，而有的媒体仅充当舆情信息转发者的角色。在舆情监管过程中应该进行必要的重要性区分，有选择、有重点地对相关群体进行监管，不能"一刀切"。

将合作网络应用于舆情领域较为鲜见，本文尝试性地将合作网络和社会网络分析用于舆情信息的传播过程中，并取得了一些有价值的结论。但是，研究过程中仍存在以下问题：①未对舆情传播阶段进行细分，不利于了解舆情发展各阶段媒体合作网络的特征；②本文研究的是 0～1 这一二值数据，并未考虑媒体间可能存在的多次合作关系，忽略了合作关系强度这一点；③在以后的研究中可以有针对性地对某一个小群体进行分析，从更为微观的层面分析舆情信息的传播特征。

参考文献

[1] 康伟：《基于 SNA 的政府与非政府组织在公共危机应对中的合作网络研究——以 "4·20" 雅安地震为例》，《中国软科学》2014 年第 5 期，第 141～150 页。

[2] 冯祝斌：《我国图书情报学研究机构合作网络演变分析（2002～2012 年）》，《情报杂志》2014 年第 8 期，第 92～98 页。

[3] 李亮、朱庆华：《社会网络分析方法在合著分析中的实证研究》，《情报科学》2008 年第 4 期，第 549～555 页。

[4] Newman, M. E. J., "Scientific Collaboration Networks: I. Network Construction and Fundamental Results," *Physical Review*, 2001, 64: 016131.

[5] Newman, M. E. J., "Scientific Collaboration Networks: II. Shortest Paths, Weighted Networks, and Centrality," *Physical Review E*, 2001, 64: 016132.

[6] Jiang Bian, Mengjun Xie, Umit Topaloglu, et al., "Social Network Analysis of Biomedical Research Collaboration Networks in a CTSA Institution," *Journal of Biomedical Informations*, 2014, 52: 130–140.

[7] 付允、牛文元、汪云林等：《科学学领域作者合作网络分析——以〈科研管理〉（2004～2008）为例》，《科研管理》2009 年第 5 期，第 41～46 页。

[8] 陈伟、周文、郎益夫等：《基于合著网络和被引网络的科研合作网络分析》，《情报理论与实践》2014 年第 10 期，第 54～59 页。

[9] 吴才唤：《社会网络分析在虚拟社会管理中的应用——以 "微博" 议事为例》，《图书馆理论与实践》2013 年第 11 期，第 45～49 页。

[10] 焦璨、张楠楠、张敏强等：《基于社会网络分析的心理学科研人员合作网络研究》，《吉林大学社会科学学报》2014 年第 4 期，第 163～170、176 页。

[11] 邱均平、翟辉：《我国科研机构合作网络知识扩散研究——以 "生物多样性" 研究为例》，《图书情报知识》2011 年第 6 期，第 5～11 页。

[12] 《上海福喜集团被曝 "臭肉门" 事件》，http://yuqing.china.com.cn/2014-07/29/content_7100936.htm。

[13] 《上海福喜食品事件舆情分析》，http://www.knowlesys.cn/wp/article/4745。

[14] Jeong, H., Tombor, B., Albert, R., Barabási, A. L., "The Large-scale Organization of Metabolic Networks," *Nature*, 2000, 407: 651–654.

[15] 刘军：《整体网分析讲义：UCINET 软件实用指南》，格致出版社，2009，第 172～187 页。

地方政府类型、政企行为逻辑和最低质量标准规制的社会福利效应[*]

浦徐进　何未敏[**]

摘　要： 在地方政府是中央政府代理人、"法团主义型"理性经济人、"谋利型政权经营者"三种情形下，通过构建中央政府—地方政府—企业—消费者的理论分析框架，剖析不同类型地方政府和企业的行为逻辑影响最低质量标准规制政策实施效果的机理。研究结果发现，相比于地方政府是中央政府代理人的情形，当地方政府是"法团主义型"理性经济人时，企业效用和地方政府效用将会增加，企业遵从程度、消费者效用和社会福利水平将会降低；而当地方政府是"谋利型政权经营者"时，企业效用和地方政府效用达到最大，企业遵从程度、消费者效用、社会福利水平却变为最低。只有深入理解地方政府和企业的行为逻辑，才能更好地预测和评价最低质量标准规制的现实遵从程度和社会福利效应。

关键词： 地方政府类型　最低质量标准规制　行为逻辑　社会福利水平

一　引言

最低质量标准（Minimum Quality Standards，MQS）规制是促进标准化

* 国家自然科学基金项目（编号：71371086），江苏省高校人文社科优秀创新团队（编号：2013CXTD011）。

** 浦徐进（1979～），男，江苏无锡人，博士，江南大学商学院副教授，研究方向为规制经济学；何未敏（1990～　），女，安徽庐江人，江南大学硕士研究生，研究方向为规制经济学。

生产、促进产品质量提高、保障人民消费安全、实现产品优质优价的重要
手段。卫生部和国家标准委在 2006 年发布了国家生活饮用水新国标
（GB5749 - 2006），将水质指标由 35 项增加到 106 项；农业部在 2009 年出
台了《农药登记资料规定》，对不同农药剂型的不同质量控制项目要求做
了明确规定。然而，在实施过程中，地方政府是否严格执行中央政府的规
制政策？企业如何选择遵从程度？规制政策能否有效提升社会福利水平？
考虑到最低质量标准规制实施后质量安全事件依然频发的现实（见表 1），
笔者认为，地方政府和企业的具体行为逻辑将使中央政府制定的规制政策
的实施效果发生偏差。

　　20 世纪 80 年代开始的分权让利改革促使我国中央政府把很多权力
和利益下放到地方，以充分发挥地方政府在经济管理和社会管理领域
的积极性和主动性。周黎安认为，在中国多层级、多地区的政府间关
系中，中央政府和地方政府的目标函数不同，约束条件不同，存在结
构性差异。地方政府掌握着中央政策的执行方向、力度和效果[1]。事
实上，地方政府不再完全是中央政府的命令执行者，政治忠诚也不再
成为支配地方政府行为的关键逻辑。一些地方政府甚至敢于冒险违背
中央政策，在执行中"上有政策，下有对策"。同时，改革开放之后，
权力的增加、意识形态的相对淡化、官员道德的滑坡使地方官员会利
用一切可能的机会来实现自我利益的最大化，中国的地方政府越来越
具有明显的"理性人"行为逻辑[2]。此外，只有当企业遵从规制执法
措施时，执法才是有效的，而企业在实际做出决策时往往会考量成本
和收益。Becker 和 Stigler 预计，当遵从收益（包括选择遵从时企业可
以避免的罚金及其他惩罚）大于遵从成本时，被规制企业就会选择遵
从。如果遵从的成本过高，致使企业不遵从时的总收益大于遵从时的
总收益，那么企业的规制遵从程度就会很低[3~4]。有时为了维持来自
规制的垄断租金，企业甚至以直接贿赂等手段来俘获地方政府，从而
导致地方政府对企业进行弱质监管和过度保护。作为对中央政府规制
政策的应对，地方政府的执法行为和企业的遵从行为交织在一起，共
同决定规制目标的达成。

表 1　质量安全事件中地方政府和企业的行为逻辑

事　件	中央政府	地方政府	企　业
三鹿"三聚氰胺"事件（2008 年）①	全脂乳粉、脱脂乳粉、全脂加糖乳粉和调味乳粉国家标准 GB5410 - 1999 要求蛋白质含量最低为 16.5%	石家庄市政府没有对外公布信息，也没有及时上报情况	在原奶中掺加"三聚氰胺"来提高蛋白质含量
双汇"瘦肉精"事件（2011 年）②	明令禁止在饲料和动物饮用水中添加莱克多巴胺、盐酸克仑特罗等 7 种"瘦肉精"	河南孟州等地执行国家有关检验的硬性规定不力，抽查率过低，层层监管形同虚设	河南济源双汇食品有限公司连续多年收购由"瘦肉精"养殖的"加精"猪
农夫山泉"质量门"事件（2013 年）③	制定生活饮用水标准 GB5749 - 2006	浙江地标 DB33/383 - 2005 中对砷、镉、硒等多项危害物的标准均远低于国家标准	农夫山泉作为唯一企业代表参与浙江地标的制定

二　文献回顾

日本经济学家植草益认为，"公的规制"指的是社会公共机构依据一定的规则对企业活动进行限制的行为，包括经济规制和社会规制两大类[5]。其中，经济规制是指在自然垄断和存在信息不对称的领域，为了防止发生资源配置低效和确保利用者的公平，政府机关利用法律权限对企业的进入和退出行为、价格和服务的数量和质量等加以规制，经济规制主要有价格规制、进入和退出规制、质量规制等方式[6~8]；而社会规制是以确保国民生命安全、防止灾害、防止公害和保护环境为目的的规制，集中表现在对外部不经济和内部不经济两种市场失灵的规制上。对外部不经济的社会规制主要有产权规制、生态环境保护规制、自然资源合理利用规制等

---

① 刘洪波：《三聚氰胺事件中失败的远不止于乳业》，凤凰资讯，http：//news. ifeng. com/o-pinion/200812/1229_ 23_ 943989. shtml，2008 年 12 月 29 日。

② 《河南济源双汇公司用含瘦肉精猪肉　层层监管虚设》，新华网，http：//news. xinhuanet. com/fortune/2011 -03/16/c_ 121191920. htm，2011 年 3 月 16 日。

③ 《农夫山泉"标准门"之争：水标准中还有多少"水分"？》，新华网，http：//news. xin-huanet. com/fortune/2013 -04/12/c_ 115366595. htm，2013 年 4 月 13 日。

方式[9~11]，而对内部不经济的社会规制是指对由于各种原因不能完全保证的产品质量和工作场所安全进行的规制[12]。

最低质量标准作为重要的规制工具之一，可以弥补市场失灵，提高产品质量，增加消费者效用，提高市场参与率[13~15]。然而在早期研究中，许多学者对于最低质量标准如何影响社会福利存在争论。例如，Ronnen 指出，设置最低质量标准可以提高质量水平并缓和价格竞争，能使更多消费者参与到市场中[13]。然而，Maxwell 却认为，最低质量标准的引入削弱了企业的创新动力，从长期来看会导致社会福利水平下降[16]。Valletti 采用 Cournot 模型对最低质量标准的社会福利效应进行了分析，研究结果表明，与采用 Bertrand 模型的研究不同，最低质量标准会减少社会福利[17]。Jinji 和 Toshimitsu 将信息不对称引入了 Ronnen 和 Valletti 的研究，证明在 Bertrand 模型和 Cournot 模型中，最低质量标准会对社会福利产生不同的影响[18]。近年来，随着在该领域的研究进一步综合和深入，学者普遍认同最低质量标准能够提高社会福利这一结论。Napel 和 Oldehaver 认为以往采用 Cournot 模型对最低质量标准进行的研究忽视了其动态效应。他们通过构建动态博弈模型发现，最低质量标准规制可以阻止企业间的串谋，在增加社会福利的同时缓解规制对均衡价格的扭曲效应，最低质量标准的效用取决于市场结构[19]。Disdier 和 Marette 指出标签与从量税的组合是最优的规制方式，在缺乏标签的情况下，最低质量标准规制与税收相比会产生更高的社会福利水平[20]。Baltzer 认为在不完全竞争的市场上，提供产品信息并不是解决信息不对称的最好方法，在产品纵向差异化的条件下，最低质量标准能比标签产生更大的社会福利[21]。国内关于最低质量标准规制的研究大多集中在贸易领域。俞灵燕和计东亚研究了由最低质量标准导致的技术壁垒的作用机理及其在服务贸易中的应用[22]。程鉴冰通过实证检验发现国内最低质量标准规制对出口纺织服装产生正向影响，而国外政府最低质量标准规制对我国出口产生负向影响[14]。刘瑶和王荣艳将各国企业生产成本的差异假设加入质量竞争模型，研究发现，成本的差异性会影响均衡时的质量选择和政府补贴的最低额度[23]。

许多关于最低质量标准规制的研究均基于一个重要的假设：企业一定

遵从规制，不符合最低质量标准的企业将不得不退出市场[13,20]。Chen 和 Serfes 却认为，企业并不一定遵从规制，生产低质量产品的企业可以选择规避规制而仍存在于市场上[24]。同时，前文列举的诸多案例也表明，现实中的地方政府并不一定严格执行中央政府的规制政策，有的时候甚至可能与企业进行合谋。在环境规制和工作场所安全规制领域，有些学者已经开始分析地方政府的执法行为对规制实施效果的影响。例如，Decker 研究发现当环境政策的制定者和执行者是不同的主体时，执行者会根据企业的遵从行为主动进行罚款调整[25]。聂辉华和蒋敏杰利用 1995～2005 年省级层面的国有重点煤矿死亡事故样本，检验了地方政府和煤矿企业之间的合谋以及其他因素对矿难的影响。检验结果表明，政企合谋是煤矿死亡率高的主要原因之一[26]。

通过上述文献分析可以发现，目前将地方政府的执法行为和企业的遵从行为同时纳入，从而分析最低质量标准规制的社会福利效应的研究相对缺失，这使许多研究结论的解释力和预测性不足。基于此，本文试图构建一个中央政府—地方政府—企业—消费者的理论分析框架，通过打开地方政府和企业的"行为黑箱"，考察政企行为逻辑影响最低质量标准规制实施效果的机理，以期能更准确地预测规制的现实遵从程度和社会福利效应。

三　模型构建和分析

目前，我国的政府组织机构可以笼统地划分为中央及地方两个层级，具体又可以分为 5 级（中央、省、市、县、乡镇）。在成熟的市场经济国家中，企业和消费者是市场运行的主体，宏观调控的职能由中央政府承担，地方政府的主要经济职能是提供地方公共产品，不得干预企业的经营活动。然而，这样一种市场运作体系并不符合过渡时期中国经济运行的现实，许多事务如工商、税务、监管等实行属地化管理，这使地方政府的事权范围直接延伸至企业。基于此，本文构建了一个中央政府—地方政府—企业—消费者的理论分析框架，其基本假设如下。

假设 1：中央政府制定的最低质量标准规制政策包括产品最低质量标

准 s 和处罚企业不遵从行为的罚款额度 f（$f > 0$）[1]。

假设 2：地方政府执行规制的程度为 β（$0 \leqslant \beta \leqslant 1$）[2]。其中 $\beta = 1$ 表示地方政府严格执行中央政府的规制政策。假设地方政府在执法检查过程中一定能发现企业的不遵从行为，并将对违规企业进行惩罚，则其可获得的期望罚款金额为 $(s - \alpha s)\beta f$。参考 Decker[25] 的研究，我们将地方政府执行规制的成本设为 $m\beta^2$。而当企业发生不遵从的行为时，如果地方政府没能发现则将支付失职成本 c[3]。

假设 3：面对最低质量标准 s、地方政府的类型和消费者的质量偏好，企业选择遵从程度 α，$\alpha \in (0，1]$。此时产品质量为 αs，生产成本为 $\frac{1}{2}(\alpha s)^2$。

假设 4：产品的市场销售价格为 p，消费者购买单位产品后实现的效用为 $\omega \alpha s - p$，其中消费者偏好 ω 服从 $[0，1]$ 上的均匀分布，则产品的市场需求量为 $1 - \dfrac{p}{\alpha s}$。

根据上述假设，消费者效用的目标函数 U_c 可以表示为：

$$U_c = \int_{\frac{p}{\alpha s}}^{1} (\omega \alpha s - p)\,\mathrm{d}\omega$$

企业效用的目标函数 π_f 可以表示为：

$$\pi_f = p\Big(1 - \frac{p}{\alpha s}\Big) - \frac{1}{2}(\alpha s)^2 - (s - \alpha s)\beta f$$

地方政府的效用目标函数 π_{rg} 可以表示为：

$$\pi_{rg} = (s - \alpha s)\beta f - m\beta^2 - (1 - \beta)(s - \alpha s)c$$

---

① 例如，新版乳业国标强制性标准由卫生部牵头，会同农业部、中国乳制品工业协会、中国奶业协会等单位联合制定并发布。同时，2009 年国务院颁布的《食品安全法》规定，对生产销售不合格食品的行为最高可处以货值 10 倍的罚款。

② 以质监部门为例，其机构设置最底层只到县一级，没有乡镇一级的机构，而县级质监部门专门负责食品监管工作的人员一般只有 1~2 人，面对量大面广的食品生产企业，监管压力非常大。

③ 如果监管失败时地方政府不会支付任何成本，那么从成本的角度来说地方政府将不会执行规制，这种成本可以看作地方政府的声誉成本或是来自公众的压力。

中央政府以社会福利最大化为目标，Napel 和 Oldehaver[19]将社会福利定义为消费者效用与企业效用之和。借鉴 Napel 和 Oldehaver 的研究，可以将社会福利目标函数表示为：

$$W = \int_{\frac{p}{\alpha s}}^{1} (\omega \alpha s - p) d\omega + p(1 - \frac{p}{\alpha s}) - \frac{1}{2}(\alpha s)^2 - (s - \alpha s)\beta f$$

中央政府、地方政府和企业的行为决策顺序如下：中央政府首先制定最低质量标准规制政策，地方政府随后执行中央政府的规制政策，企业继而根据最低质量标准规制政策、地方政府的执法力度以及消费者的质量偏好来决定遵从程度，并最终确定产品的质量水平。本文采用逆推归纳法来分析中央政府、地方政府和企业间的博弈均衡结果。

目前学界对地方政府类型的假设主要分为以下三种：地方政府完全受制于中央政府，是中央政府代理人[1,27]；地方政府积极谋取自身利益最大化，是"法团主义型"理性经济人[28~30]；地方政府采取腐败的"掠夺"行为，是"谋利型政权经营者"[31~32]。下文将分别考察上述三种情形下最低质量标准最终可能导致的企业遵从程度、消费者效用、企业效用、地方政府效用和社会福利水平。

（一）地方政府是中央政府代理人（g_1）

在理想状态下，中央政府与地方政府间是命令和服从、指导和汇报、请示和批复的行政关系，两者的利益完全一致。中央政府对地方政府能够实现绝对的控制，地方政府是中央政府的代理人。对于最低质量标准规制政策，中央政府希望通过地方政府严格的执法行动来保证企业完全遵从标准。当地方政府是中央政府代理人时，地方政府将严格执行中央政府的规制政策（$\beta = 1$），此时企业效用的目标函数为：

$$\pi_f = p(1 - \frac{p}{\alpha s}) - \frac{1}{2}(\alpha s)^2 - (s - \alpha s)f$$

联立企业效用的目标函数关于价格 p 和遵从程度 α 的一阶最优条件 $\frac{\partial \pi_f}{\partial p} = 0$，$\frac{\partial \pi_f}{\partial \alpha} = 0$，求解可得 $\alpha_1 = \frac{1 + 4f}{4s}$，$p_1^* = \frac{1 + 4f}{8}$。

进一步求解函数的二阶导数可以得到 Hessian 矩阵为

$$\begin{bmatrix} -\dfrac{2}{\alpha s}, & \dfrac{2p}{s\alpha^2} \\[3mm] \dfrac{2p}{s\alpha^2}, & -\dfrac{2p^2}{s\alpha^3} - s^2 \end{bmatrix}$$，各阶主子式分别为：$-\dfrac{2}{\alpha s} < 0$，$\dfrac{2}{\alpha s} \times \left(\dfrac{2p^2}{s\alpha^3} + s^2 \right) - \left(\dfrac{2p}{s\alpha^2} \right)^2 =$

$\dfrac{2s}{\alpha} > 0$，故 Hessian 矩阵负定，p_1 和 α_1 为目标函数的唯一最优解。

考虑到 $0 < \alpha_1 \leqslant 1$，因此当 f 的取值变化时，α_1 实际上是一个分段函数：

$$\alpha_1 = \begin{cases} \dfrac{1 + 4f}{4s}, & f < s - \dfrac{1}{4} \\[3mm] 1, & f \geqslant s - \dfrac{1}{4} \end{cases}$$

由上式可知，当 $f < s - \dfrac{1}{4}$ 时，企业遵从程度为 $\alpha_1 = \dfrac{1 + 4f}{4s}$；而当 $f \geqslant s - \dfrac{1}{4}$ 时，企业选择完全遵从最低质量标准规制。进一步分析当 $f < s - \dfrac{1}{4}$ 时 α_1 的表达式，我们发现有：$\dfrac{\partial \alpha_1}{\partial f} = \dfrac{1}{s} > 0$，$\dfrac{\partial \alpha_1}{\partial s} = -\dfrac{1 + 4f}{4s^2} < 0$。因此，我们可以得到命题 1。

命题 1：在地方政府是中央政府代理人的情形下，地方政府严格执行中央政府的最低质量标准规制政策，此时企业遵从程度与罚款额度正相关，而与最低质量标准负相关。

将 α_1^* 和 p_1^* 分别代入企业效用的目标函数 π_f^{g1}、地方政府效用的目标函数 π_{rg}^{g1}、消费者效用的目标函数 U_c^{g1} 和社会福利函数 W^{g1}，可以得到：

$$\pi_f^{g1} = \begin{cases} \dfrac{1}{2}f^2 - \left(s - \dfrac{1}{4} \right)f + \dfrac{1}{32}, & f < s - \dfrac{1}{4} \\[3mm] \dfrac{s}{4} - \dfrac{s^2}{2}, & f \geqslant s - \dfrac{1}{4} \end{cases}, \quad \pi_{rg}^{g1} = \begin{cases} -f^2 + \left(s - \dfrac{1}{4} \right)f - m, & f < s - \dfrac{1}{4} \\[3mm] -m, & f \geqslant s - \dfrac{1}{4} \end{cases},$$

$$U_c^{g1} = \begin{cases} \dfrac{1}{32} + \dfrac{f}{8}, & f < s - \dfrac{1}{4} \\[3mm] \dfrac{s}{8}, & f \geqslant s - \dfrac{1}{4} \end{cases}, \quad W^{g1} = \begin{cases} \dfrac{1}{2}f^2 - \left(s - \dfrac{3}{8} \right)f + \dfrac{1}{16}, & f < s - \dfrac{1}{4} \\[3mm] \dfrac{3s}{8} - \dfrac{s^2}{2}, & f \geqslant s - \dfrac{1}{4} \end{cases}$$

当面对地方政府是其代理人且企业能够完全遵从规制的理想状态时，

中央政府将基于社会福利最大化的目标来制定此时的最低质量标准。由于当 $\beta_1 = 1$，$\alpha_1 = 1$ 时，我们有 $W^{g_1} = \dfrac{3s}{8} - \dfrac{s^2}{2}$，通过求解 $\dfrac{\partial W^{g_1}}{\partial s} = 0$，可以得 $s = \dfrac{3}{8}$，又因为 $\dfrac{\partial^2 W^{g_1}}{\partial s^2} = -1 < 0$，因此 $s = \dfrac{3}{8}$ 为此时的最优解。当中央政府制定最低质量标准 $s = \dfrac{3}{8}$ 后，市场上实际的企业效用 $\pi_f^{g_1}$、地方政府效用 $\pi_{rg}^{g_1}$、消费者效用 $U_c^{g_1}$ 和社会福利 W^{g_1} 分别为：

$$\pi_f^{g_1} = \begin{cases} \dfrac{1}{2}f^2 - \dfrac{1}{8}f + \dfrac{1}{32}, f < \dfrac{1}{8} \\[2mm] \dfrac{3}{128}, f \geq \dfrac{1}{8} \end{cases}, \quad \pi_{rg}^{g_1} = \begin{cases} -f^2 + \dfrac{1}{8}f - m, f < \dfrac{1}{8} \\[2mm] -m, f \geq \dfrac{1}{8} \end{cases},$$

$$U_c^{g_1} = \begin{cases} \dfrac{1}{32} + \dfrac{f}{8}, f < \dfrac{1}{8} \\[2mm] \dfrac{3}{64}, f \geq \dfrac{1}{8} \end{cases}, \quad W^{g_1} = \begin{cases} \dfrac{1}{2}f^2 + \dfrac{1}{16}, f < \dfrac{1}{8} \\[2mm] \dfrac{9}{128}, f \geq \dfrac{1}{8} \end{cases}$$

分析上述分段函数的形式容易发现，当地方政府是中央政府代理人时，地方政府严格执行中央政府的规制政策，对于中央政府制定的最低质量标准（$s = \dfrac{3}{8}$），当 $f < \dfrac{1}{8}$ 时，企业效用随着 f 的增加而减小，消费者效用、社会福利随着 f 的增加而增大，地方政府效用随着 f 的增加先增大后减小；当 $f \geq \dfrac{1}{8}$ 时，由于企业选择完全遵从规制，企业效用、地方政府效用、消费者效用、社会福利均成为固定值，不再随着 f 的变动而变化。

（二）地方政府是"法团主义型"理性经济人（g_2）

Oi 在对财政改革激励下的地方政府行为进行经验描述的基础上提出了"地方政府法团主义"（Local State Corporatism）的概念，认为地方政府官员有可能成为市场取向的代理人和行动者，完全像一个董事会成员那样行动，并通过各种行政手段介入企业的经营运作，以期实现自身利益最大化[28]。因此，当地方政府是"法团主义型"理性经济人时，由于其掌握着中央政府相关政策的执法权和其他稀缺资源，其将按照"成本—收益"原则有选择性地执行中央政府的规制政策（$0 \leq \beta \leq 1$）。地方政府先选择最优规制执法行为，而企业将根据地方政府的执法行为来选择最优遵从程度，此时企业效用的目标函数为：

$$\pi_f = p\left(1 - \frac{p}{\alpha s}\right) - \frac{1}{2}(\alpha s)^2 - (s - \alpha s)\beta f$$

联立企业效用的目标函数关于价格 p 和遵从程度 α 的一阶最优条件 $\frac{\partial \pi_f}{\partial p} = 0$、$\frac{\partial \pi_f}{\partial \alpha} = 0$，求解可得 $\alpha_2 = \frac{1 + 4\beta f}{4s}$，$p_2 = \frac{1 + 4\beta f}{8}$。因为此时的 Hessian 矩阵为 $\begin{bmatrix} -\dfrac{2}{\alpha s}, & \dfrac{2p}{s\alpha^2} \\ \dfrac{2p}{s\alpha^2}, & -\dfrac{2p^2}{s\alpha^3} - s^2 \end{bmatrix}$，根据前一节的计算可知该 Hessian 矩阵也为负定，所以 α_2 和 p_2 为目标函数的唯一最优解。

与上文类似，α_2 也是一个分段函数：

$$\alpha_2 = \begin{cases} \dfrac{1 + 4\beta f}{4s}, & f < \left(s - \dfrac{1}{4}\right)\dfrac{1}{\beta} \\ 1, & f \geq \left(s - \dfrac{1}{4}\right)\dfrac{1}{\beta} \end{cases}$$

因为 $0 \leq \beta \leq 1$，对比 α_2 和 α_1 的表达式可以发现：① $\left(s - \dfrac{1}{4}\right)\dfrac{1}{\beta} > s - \dfrac{1}{4}$；②当 $f < \left(s - \dfrac{1}{4}\right)\dfrac{1}{\beta}$ 时，$\alpha_2 = \dfrac{1 + 4\beta f}{4s} \leq \alpha_1 = \dfrac{1 + 4f}{4s}$。因此，我们可以得到命题 2。

命题 2：当地方政府是"法团主义型"理性经济人时，地方政府会有选择性地执行中央政府的规制政策，相比于地方政府是中央政府代理人的情形，此时企业的遵从程度将会降低，同时保证企业完全遵从规制的罚款额度会更高。

进一步观察 α_2 的表达式可发现：当 $f < \left(s - \dfrac{1}{4}\right)\dfrac{1}{\beta}$ 时，有 $\dfrac{\partial \alpha_2}{\partial \beta} = \dfrac{f}{s} > 0$，这意味着地方政府的执法力度越大，企业的遵从程度越高。

下文将重点考察中央政府制定理想状态下的最低质量标准 $s = \dfrac{3}{8}$ 后，

地方政府的执法行为和企业的遵从行为影响规制实施效果的机理。当 $s = \frac{3}{8}$ 时，α_2 的表达式为：

$$\alpha_2 = \begin{cases} \dfrac{2 + 8\beta f}{3}, & \beta < \dfrac{1}{8f} \\[3mm] 1, & \beta \geq \dfrac{1}{8f} \end{cases}$$

将此时的 α_2 代入 π_{rg} 可以得到：

$$\pi_{rg}^{g2} = \begin{cases} \left(\dfrac{1 - 8\beta f}{8}\right)(\beta f - c + \beta c) - m\beta^2, & \beta < \dfrac{1}{8f} \\[3mm] -m\beta^2, & \beta \geq \dfrac{1}{8f} \end{cases}$$

分析 π_{rg}^{g2} 的表达式可以发现：当 $\beta \geq \dfrac{1}{8f}$ 时，理性的地方政府为了实现其效用最大化将选择 $\beta = \dfrac{1}{8f}$；当 $\beta < \dfrac{1}{8f}$ 时，求解 $\dfrac{\partial \pi_{rg}^{g2}}{\partial \beta} = 0$，可以得到 $\beta'_2 = \dfrac{(f + c) + 8fc}{16(f^2 + fc + m)}$，又因为 $\dfrac{\partial^2 \pi_{rg}^{g2}}{\partial \beta^2} = -2(f^2 + m + fc) < 0$，因此 β'_2 为此时的最优解。

因此若有 $\beta'_2 < \dfrac{1}{8f}$，即 $m > \dfrac{8f^2c - f^2 - fc}{2}$，则 β'_2 为地方政府的最优规制执行程度；而若有 $\beta'_2 \geq \dfrac{1}{8f}$，即 $m \leq \dfrac{8f^2c - f^2 - fc}{2}$，则地方政府的最优规制执行程度为 $\dfrac{1}{8f}$。地方政府最优规制执行程度 β_2 的表达式为：

$$\beta_2 = \begin{cases} \beta'_2, & m > \dfrac{8f^2c - f^2 - fc}{2} \\[3mm] \dfrac{1}{8f}, & m \leq \dfrac{8f^2c - f^2 - fc}{2} \end{cases}$$

由此我们可以得到命题3。

命题3：当地方政府是"法团主义型"理性经济人时，如果规制执法成本系数超过临界值（$m > \dfrac{8f^2c - f^2 - fc}{2}$），则地方政府选择规制执行程

度 $\dfrac{(f+c)+8fc}{16(f^2+fc+m)}$ ；如果规制执法成本系数低于临界值（ $m \leqslant$

$\dfrac{8f^2c-f^2-fc}{2}$ ），则地方政府选择最优规制执行程度 $\dfrac{1}{8f}$ 。

当 $m > \dfrac{8f^2c-f^2-fc}{2}$ 时，进一步分析 β'_2 的表达式发现： $\dfrac{\partial \beta'_2}{\partial s} =$

$\dfrac{f+c}{2(f^2+fc+m)} > 0$ ， $\dfrac{\partial \beta'_2}{\partial c} = \dfrac{(1+8f)m+8f^3}{16(f^2+fc+m)^2} > 0$ ， $\dfrac{\partial \beta'_2}{\partial m} = -\dfrac{(f+c)+8fc}{16(f^2+fc+m)^2} < 0$ 。

由此我们可以得到命题 4。

命题 4：当地方政府是"法团主义型"理性经济人时，地方政府的最优规制执行程度与最低质量标准、失职惩罚损失正相关，而与规制执行成本负相关。同时地方政府执行中央政府规制政策的力度越大，企业的遵从程度越高。

当 β_2 确定后， α_2 的表达式可以进一步转换为：

$$\alpha_2 = \begin{cases} \alpha'_2, & m > \dfrac{8f^2c-f^2-fc}{2} \\[2mm] 1, & m \leqslant \dfrac{8f^2c-f^2-fc}{2} \end{cases}$$

其中， $\alpha'_2 = \dfrac{(f^2+fc)+8f^2c}{6(f^2+fc+m)} + \dfrac{2}{3}$ 。

此时市场上实际的企业效用 $\pi_f^{g_2}$ 、地方政府效用 $\pi_{rg}^{g_2}$ 、消费者效用 $U_c^{g_2}$ 和社会福利 W^{g_2} 的表达式分别为：

$$\pi_f^{g_2} = \begin{cases} \dfrac{3\alpha'_2}{32} - \dfrac{9(\alpha'_2)^2}{128} - \left(\dfrac{3}{8} - \dfrac{3}{8}\alpha'_2\right)\beta'_2 f, & m > \dfrac{8f^2c-f^2-fc}{2} \\[3mm] \dfrac{3}{128}, & m \leqslant \dfrac{8f^2c-f^2-fc}{2} \end{cases}$$

$$\pi_{rg}^{g_2} = \begin{cases} \left(\dfrac{3}{8} - \dfrac{3}{8}\alpha'_2\right)\beta'_2 f - m(\beta'_2)^2 - (1-\beta'_2)\left(\dfrac{3}{8} - \dfrac{3}{8}\alpha'_2\right)c, & m > \dfrac{8f^2c-f^2-fc}{2} \\[3mm] -\dfrac{m}{64f^2}, & m \leqslant \dfrac{8f^2c-f^2-fc}{2} \end{cases}$$

$$U_c^{g_2} = \begin{cases} \dfrac{3}{64}\alpha'_2, & m > \dfrac{8f^2c-f^2-fc}{2} \\[3mm] \dfrac{3}{64}, & m \leqslant \dfrac{8f^2c-f^2-fc}{2} \end{cases}$$

$$
W^{g2} = \begin{cases} \dfrac{9\alpha'_2}{64} - \dfrac{9\,(\alpha'_2)^2}{128} - \left(\dfrac{3}{8} - \dfrac{3}{8}\alpha'_2\right)\beta'_2 f, & m > \dfrac{8f^2c - f^2 - fc}{2} \\[3mm] \dfrac{9}{128}, & m \leqslant \dfrac{8f^2c - f^2 - fc}{2} \end{cases}
$$

在地方政府是中央政府代理人和"法团主义型"理性经济人两种情形下，我们将在下文中对比企业效用、地方政府效用、消费者效用和社会福利的大小关系。

在 $f \in (0, +\infty)$ 上，当 $8c - 1 \leqslant 0$ 时，$\dfrac{8f^2c - f^2 - fc}{2} < 0$，因为 $m > 0$，所以当 $8c - 1 \leqslant 0$ 时，$m > \dfrac{8f^2c - f^2 - fc}{2}$ 在 $f \in (0, +\infty)$ 上恒成立；当 $8c - 1 > 0$ 时，$f \in \left(0, \dfrac{c}{8c - 1}\right]$ 时 $\dfrac{8f^2c - f^2 - fc}{2} \leqslant 0$，$f \in \left(\dfrac{c}{8c - 1}, +\infty\right)$ 时 $\dfrac{8f^2c - f^2 - fc}{2} > 0$，因此 $\exists m > 0$ 在 $f \in \left(\dfrac{c}{8c - 1}, +\infty\right)$ 上使 $m \leqslant \dfrac{8f^2c - f^2 - fc}{2}$。

因此当满足 $m \leqslant \dfrac{8f^2c - f^2 - fc}{2}$ 时，必定有 $f > \dfrac{c}{8c - 1} > \dfrac{1}{8}$，此时可以得到：$\pi_f^{g2} = \pi_f^{g1} = \dfrac{3}{128}$，$\pi_{rg}^{g2} = -\dfrac{m}{64f^2} > \pi_{rg}^{g1} = -m$，$U_c^{g2} = U_c^{g1} = \dfrac{3}{64}$，$W^{g2} = W^{g1} = \dfrac{9}{128}$。

而当 $m > \dfrac{8f^2c - f^2 - fc}{2}$ 时，取 $m = 0.01$，$c = 0.1$，$f \in [0, 0.5]$，数值仿真的结果如图 1 所示。

由此，我们可以得到命题 5。

命题 5：中央政府制定最低质量标准规制政策后，若规制执法成本系数超过临界值 $\left(m > \dfrac{8f^2c - f^2 - fc}{2}\right)$，则相比于地方政府是中央政府代理人的情形，地方政府是"法团主义型"理性经济人时，企业效用和地方政府效用将会增加，而消费者效用和社会福利水平将会降低；若规制执法成本系数低于临界值 $\left(m \leqslant \dfrac{8f^2c - f^2 - fc}{2}\right)$，则相比于地方政府是中央政府代理人的

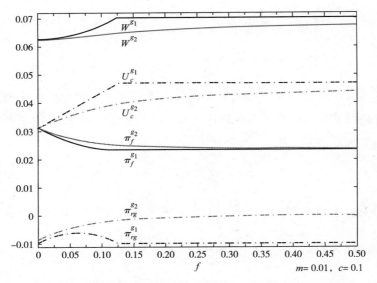

图 1 　地方政府是中央政府代理人和"法团主义型"理性
经济人时市场均衡结果对比

情形，地方政府是"法团主义型"理性经济人时，企业效用、消费者效用、社会福利水平不变，地方政府效用将会增加。

（三）地方政府是"谋利型政权经营者"（g_3）

杨善华和苏红指出，地方政府官员有时会利用现有体制的缺陷来实现自我利益最大化的目的，表现出"掠夺性"的行为倾向，成为"谋利型政权经营者"[32]。一方面，围绕着 GDP 增长展开的"晋升锦标赛"和分税制造成的事权、财权不对等有可能导致地方政府对企业进行"地方性保护"；另一方面，对超额利润的过度追求也会诱致企业选择俘获政府官员，地方政府和企业可以通过共谋来应对中央政府的规制政策①。在最低质量标准规制的实施过程中，被规制企业有可能为实现自身利益的最大化而贿赂、收买地方官员。企业通过向地方官员私下提供转移支付 t 以获得和地方政

---

① 例如，2013 年 4 月媒体曝光了农夫山泉执行的产品标准不如自来水标准，地方政府涉嫌袒护作假，农夫山泉作为唯一企业代表参与制定浙江地标，有些指标的规定显然是为农夫山泉特设。

府同等的谈判地位①，而地方政府在接受转移支付后将承诺不对企业进行检查（$\beta = 0$）。与此同时，地方政府与企业间的共谋协议也面临被媒体曝光的风险，假设媒体曝光的概率为 γ，而曝光后地方政府受到中央政府处罚的损失为 $(s - \alpha s)\gamma c$ ②。此时企业效用的目标函数和地方政府效用的目标函数分别为：

$$\pi_f^{g3} = p(1 - \frac{p}{\alpha s}) - \frac{1}{2}(\alpha s)^2 - t , \pi_{rg}^{g3} = t - (s - \alpha s)\gamma c$$

由于企业对于价格 p 的决策与 t 无关，依然为 $p_3 = \frac{\alpha s}{2}$。因此，企业效用的目标函数可以转换为：$\pi_f^{g3} = \frac{1}{4}\alpha s - \frac{1}{2}(\alpha s)^2 - t$。

在下文中，企业遵从程度将在地方政府和企业间纳什谈判框架下确定。纳什谈判的规范化形式由可行集和冲突点两个部分组成，并满足个体合理性、可行性、帕累托最优性、无关方案可去性和线性变换不变性公理。纳什谈判模型以效用来测算两个局中人的支付，局中人 1 和局中人 2 的效用分别为 u_1、u_2，而 d_1、d_2 分别表示两个局中人在双方不能达成协议时的支付，即冲突支付。特别是当双方具有相同的谈判能力时，纳什谈判解是最大化问题 $\max(u_1 - d_1)\frac{1}{2}(u_1 - d_1)\frac{1}{2}$ 的唯一解。出于计算简便的考虑，也可以用对数形式来表示，即 $\max\left[\frac{1}{2}\ln(u_1 - d_1) + \frac{1}{2}\ln(u_2 - d_2)\right]$。这里假设地方政府和企业不能达成协议时的支付均为 0，因此共谋时企业的遵从程度可由下式求得：

$$\max_{\alpha}\left[\frac{1}{4}\alpha s - \frac{1}{2}(\alpha s)^2 - t\right]\frac{1}{2}\left[t - (s - \alpha s)\gamma c\right]\frac{1}{2}$$

---

① 可以采用现金方式，也可以采用政治支持、规制机构官员退休后到被规制企业任职等更为隐蔽的方式。

② 2009 年 6 月印发的《关于实行党政领导干部问责的暂行规定》中规定，政府职能部门管理、监督不力，在其职责范围内发生特别重大事故、事件、案件，或者在较短时间内连续发生重大事故、事件、案件，造成重大损失或者恶劣影响的；在行政活动中滥用职权，强令、授意实施违法行政行为，或者不作为，引发群体性事件或者其他重大事件的对党政领导干部实行问责。问责的方式分为：责令公开道歉、停职检查、引咎辞职、责令辞职、免职。

$$\text{s. t.} \quad \frac{1}{4}\alpha s - \frac{1}{2}(\alpha s)^2 - t > 0$$

$$t - (s - \alpha s)\gamma c > 0$$

当中央政府制定理想状态下的最低质量标准 $s = \dfrac{3}{8}$ 后，求解上式等价于考察规划：

$$\max_{a}\left\{\frac{1}{2}\ln\left(\frac{3}{32}\alpha - \frac{9}{128}\alpha^2 - t\right) + \frac{1}{2}\ln\left[t - \left(\frac{3}{8} - \frac{3}{8}\alpha\right)\gamma c\right]\right\}$$

$$\text{s. t.} \quad \frac{3}{32}\alpha - \frac{9}{128}\alpha^2 - t > 0$$

$$t - \left(\frac{3}{8} - \frac{3}{8}\alpha\right)\gamma c > 0$$

对上式求关于 α 的一阶导数并令其为 0，可得：

$$\alpha_3 = \frac{1}{6\gamma cs}\left[\frac{7}{4}\gamma c - 2t \pm \sqrt{\left(\frac{7}{4}\gamma c - 2t\right)^2 - 6\gamma c\left(\frac{3}{8}\gamma c - t + 4t\gamma c\right)}\right]$$

此时市场上实际的企业效用 π_f^{g3}、地方政府效用 π_{rg}^{g3}、消费者效用 U_c^{g3} 和社会福利 W^{g3} 分别为：

$$\pi_f^{g3} = \frac{3}{32}\alpha_3 - \frac{9}{128}\alpha_3^2 - t$$

$$\pi_{rg}^{g3} = t - \left(\frac{3}{8} - \frac{3}{8}\alpha_3\right)\gamma c$$

$$U_c^{g3} = \frac{3}{64}\alpha_3$$

$$W^{g3} = \frac{9}{64}\alpha_3 - \frac{9}{128}\alpha_3^2 - t$$

与前文的分析一致，我们来考察地方政府和企业共谋对中央政府制定的理想状态下最低质量标准实施效果的影响。若 $s = \dfrac{3}{8}$，$c = 0.1$，$\gamma = 0.1$，令 t 从 0.0020 以等间距 0.0005 增大到 0.0065，则企业遵从程度[①]、企

---

① 此时 α 有两组解：$\alpha'_3 = $ [0.9783　0.9411　0.9088　0.8809　0.8569　0.8363　0.8187　0.8035　0.7903　0.7789] 和 $\alpha''_3 = $ [0.2217　0.1700　0.1135　0.0525　−0.0124　−0.0808　−0.1520　−0.2257　−0.3014　−0.3789]。又因为 α''_3 不能同时满足如下 3 个条件：$\alpha_3 \in (0, 1]$，$\pi_f^{g3}|_{\alpha = \alpha'_3}$，$\pi_{rg}^{g3}|_{\alpha = \alpha'_3}$，所以舍去 α''_3。

业效用、地方政府效用、消费者效用、社会福利的变化如表 2 所示。

表 2　*t* 对最低质量标准规制实施效果的影响

t	α_3	π_f^{g3}	π_{rg}^{g3}	U_c^{g3}	W^{g3}
0.0020	0.9783	0.0224	0.0019	0.0459	0.0683
0.0025	0.9411	0.0235	0.0023	0.0441	0.0676
0.0030	0.9088	0.0241	0.0027	0.0426	0.0667
0.0035	0.8809	0.0245	0.0031	0.0413	0.0658
0.0040	0.8569	0.0247	0.0035	0.0402	0.0649
0.0045	0.8363	0.0247	0.0039	0.0392	0.0639
0.0050	0.8187	0.0246	0.0043	0.0384	0.0630
0.0055	0.8035	0.0244	0.0048	0.0377	0.0621
0.0060	0.7903	0.0241	0.0052	0.0370	0.0612
0.0065	0.7789	0.0238	0.0057	0.0365	0.0604

　　分析表 2 可以发现：当地方政府和企业共谋时，随着企业转移支付额度的逐渐增大，企业遵从程度将随之降低，企业效用先增大后减小，地方政府效用随之增大，而消费者效用和社会福利随之减小。这意味着，企业所提供的转移支付额度实际上就是企业花费的额外成本，当其逐渐增大时，企业就会通过进一步降低遵从程度来削减生产成本加以弥补。

　　同时，我们来考察媒体曝光概率对企业遵从程度的影响。若 $s = \dfrac{3}{8}$，$c = 0.1$，$t = 0.005$，令 γ 从 0.10 以等间距 0.02 增大到 0.28，则企业遵从程度的变化如表 3 所示[①]。

表 3　γ 对 α_3 的影响

γ	0.10	0.12	0.14	0.16	0.18	0.20	0.22	0.24	0.26	0.28
α_3	0.8187	0.8452	0.8690	0.8902	0.9089	0.9254	0.9400	0.9531	0.9646	0.9750

---

① 　此时 α 有两组解：$\alpha'_3 = [\,0.8187\ 0.8452\ 0.8690\ 0.8902\ 0.9089\ 0.9254\ 0.9400\ 0.9531$ $0.9646\ 0.9750\,]$ 和 $\alpha''_3 = [\,-0.1520\ -0.0304\ 0.0516\ 0.1098\ 0.1529\ 0.1857\ 0.2115$ $0.2321\ 0.2490\ 0.2631\,]$。又因为 α''_3 不能同时满足如下 3 个条件：$\alpha''_3 \in (0,\,1)$，$\pi_f^{g3}\,|_{\alpha = \alpha'_3} > 0$，$\pi_{rg}^{g3}\,|_{\alpha = \alpha''_3}$，所以舍去 α''_3。

分析表 3 可以发现：当地方政府和企业共谋时，若其他条件保持不变，则随着地方政府和企业间的共谋协议被媒体曝光的概率的提高，企业的规制遵从程度将随之提高。

四　数值仿真

为了更直观地描述地方政府类型、政企行为逻辑与最低质量标准规制的社会福利效应之间的关系，下面将 Matlab 软件（R2010b）作为计算平台，通过数值仿真来对比分析在中央政府制定理想状态下的最低质量标准 $s = \dfrac{3}{8}$ 后，地方政府是中央政府代理人、"法团主义型"理性经济人、"谋利型政权经营者"三种情形下的企业遵从程度、企业效用、地方政府效用、消费者效用和社会福利水平。

模型参数取值为 $f = 0.3$（$f = 0.3 > \dfrac{1}{8}$，因此保证了地方政府是中央政府代理人时企业会选择完全遵从），$m = 0.01$，$c = 0.1$，$\gamma = 0.1$，t 从 0.0020 以等间距 0.0005 增大到 0.0065，数值仿真的结果如图 2 至图 6 所示：

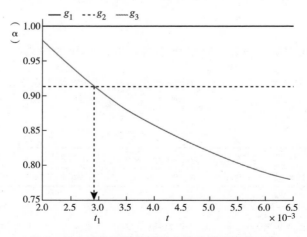

图 2　地方政府不同类型时企业遵从程度的对比

分析图 2 可以发现：地方政府是中央政府代理人时企业的遵从程度最

高。当地方政府是"谋利型政权经营者"时，企业遵从程度随着转移支付 t 的增加而降低，若转移支付较小（$t < t_1$），则企业遵从程度高于地方政府是"法团主义型"理性经济人时的情形；若转移支付较大（$t \geq t_1$），则企业遵从程度低于地方政府是"法团主义型"理性经济人时的情形。由于实际产品质量的表达式为 $\frac{3}{8}\alpha$，因此三种情况下实际产品质量的对比情况将与企业遵从程度的对比结论完全一致。这说明，企业为了俘获地方官员而支付的成本越高，地方政府与企业间的利益同盟越紧密，市场上产品的质量水平就越低。

分析图 3 可以发现：地方政府是"法团主义型"理性经济人时的企业效用高于地方政府是中央政府代理人时的情形。地方政府是"谋利型政权经营者"时，企业效用随着转移支付 t 的增加先增大后减小，当转移支付 t 位于区间 $[t_2, t_3]$ 时，企业效用高于其他两种情形，存在一个最优的转移支付 t^* 使此时的企业效用最大。

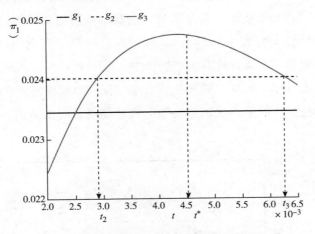

图 3　地方政府不同类型时企业效用的对比

分析图 4 可以发现：地方政府是"谋利型政权经营者"时的地方政府效用最高，地方政府是"法团主义型"理性经济人时的效用次之，而地方政府是中央政府代理人时的效用最小。同时，地方政府是"谋利型政权经营者"时，地方政府效用随着转移支付 t 的增加而增大。这说明，如果地方政府是"理性经济人"，那么其在规制政策实施过程中将会有与企业共

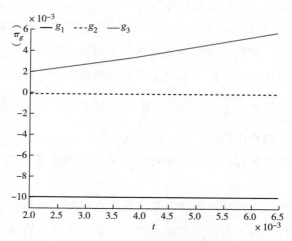

图 4　地方政府不同类型时地方政府效用的对比

谋的行为倾向。

　　分析图 5 可以发现：地方政府是中央政府代理人时的消费者效用最高，地方政府是"谋利型政权经营者"时，消费者效用随着转移支付 t 的增加而减小，若转移支付较小（$t < t_4$），则地方政府是"谋利型政权经营者"时的消费者效用高于地方政府是"法团主义型"理性经济人时的情形；若转移支付较大（$t > t_4$）时，则地方政府是"谋利型政权经营者"时的消费者效用低于地方政府是"法团主义型"理性经济人时的情形。这说明，企

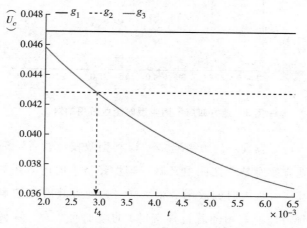

图 5　不同类型地方政府情形下消费者效用的对比

业为了俘获地方官员而提供的转移支付越多，市场上产品的质量水平会越低，消费者效用也会越低。

分析图 6 可以发现：地方政府是中央政府代理人时的社会福利水平最高。地方政府是"谋利型政权经营者"时，社会福利水平随着转移支付 t 的增加而降低，若转移支付较小（$t < t_5$）时，则地方政府是"谋利型政权经营者"时的社会福利水平高于地方政府是"法团主义型"理性经济人时的情形；若转移支付较大（$t \geq t_5$），则地方政府是"谋利型政权经营者"时的社会福利水平低于地方政府是"法团主义型"理性经济人时的情形。这说明，与企业的共谋将使地方政府不再代表消费者的利益，从而导致中央政府制定的最低质量标准规制政策形同虚设，引发严重的社会福利损失。

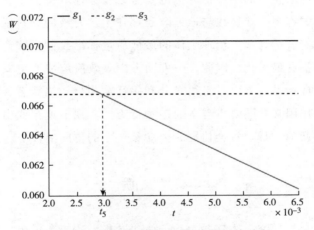

图 6　地方政府不同类型时社会福利的对比

五　结论

中央政府往往能够通过制定最低质量标准规制政策来降低市场交易成本，提升行业产品的平均质量，从而提高社会整体福利水平。地方政府和企业的行为逻辑构成了最低质量标准规制政策实施的微观基础。本文将地方政府分为中央政府代理人、"法团主义型"理性经济人、"谋利型政权经营者"三种类型，在中央政府—地方政府—企业—消费者理论分析框架下，通过研究不同类型地方政府和企业间的行为互动，更真实地解释和预测了最低质量标准规制的实施效果及其对社会福利的影响。研究得到了以下三个管理启示：①作为对中央政府规制政策的应对行为，地方政府的执行决策和企业的遵从决策真正决定规制目标的达成；②当地方政府是"法团主义型"理性经济人时，其会根据成本—收益原则有选择性地执行中央政府的最低质量标准规制政策；③当地方政府成为"谋利型政权经营者"时，市场上的最低质量标准规制遵从程度将由地方政府和企业共谋决定，企业提供给地方政府的转移支付越多，遵从程度越低，社会整体福利水平损失越大。

十八届三中全会提出要改变简单命令式、完全行政化的管理模式，推进国家治理体系和治理能力现代化。一个高效的最低质量标准规制模式，不仅要能够约束企业的不良行为，也要努力破除地方保护主义形成的利益藩篱。我国的许多企业往往与地方政府存在千丝万缕的利益联系，目前这种以地方政府官员为单一治理主体的最低质量标准规制模式，往往无法自觉追求社会福利最大化。因此，一方面，中央政府应将质量安全作为考核官员的硬指标；另一方面，必须充分利用社会团体、消费者、媒体等多种力量的监督作用来共同阻止潜在的违法行为，实现治理模式由传统的政府主导型向"政府主导、社会协同、公众参与"的协同型转变。

参考文献

[1] 周黎安：《转型中的地方政府：官员激励与治理》，格致出版社、上海人民出版社，2008，第 4～13 页。

[2] Yang Zhong, "Local Government and Politics in China: Challenges from Below," New York: M. E., Sharpe, 2004: 94－128.

[3] Gary, S. Becker, "Crime and Punishment: An Economic Approach," *Journal of Political Economy*, 1968, 76 (2): 169－217.

[4] George, J. Stigler, "The Optimum Enforcement of Laws," *Journal of Political Economy*, 1970, 78 (3): 526－536.

[5] 植草益：《微观规制经济学》，中国发展出版社，1992，第 4～13 页。

[6] Isamu Matsukawa, "Regulatory Effects on the Market Penetration and Capacity of Relia-

bility Differentiated Service," *Journal of Regulatory Economics*, 2009, 36 (2): 199 – 217.

[7] Michał Grajek & Lars – Hendrik Röller, "Regulation and Investment in Network Industries: Evidence from European Telecoms," *Journal of Law and Economics*, 2012, 55 (1): 189 – 216.

[8] Paolo, G. Garella & Emmanuel Petrakis., "Minimum Quality Standards and Consumers' Information," *Economic Theory*, 2008, 36 (2): 283 – 302.

[9] 茹巍:《产权的自负与规制:从玛曲草原承包看林权改革》,《中国软科学》2012 年第 9 期,第 1 ~ 11 页。

[10] 张成、陆旸、郭路等:《环境规制强度和生产技术进步》,《经济研究》2011 年第 2 期,第 113 ~ 124 页。

[11] Junichi Suzuki, "Land Use Regulation as a Barrier to Entry: Evidence from the Texas Lodging Industry," *International Economic Review*, 2013, 54 (2): 495 – 523.

[12] Xiaofang Pei, Annuradha Tandon, Anton Alldrick, Ruijia Yang, "The China Melamine Milk Scandal and its Implications for Food Safety Regulation," *Food Policy*, 2011, 36 (3): 412 – 420.

[13] Uri Ronnen, "Minimum Quality Standards, Fixed Costs and Competition," *Rand Journal of Economics*, 1991, 22 (4): 490 – 504.

[14] 程鉴冰:《最低质量标准政府规制研究》,《中国工业经济》2008 年第 2 期,第 40 ~ 47 页。

[15] 陈艳莹、杨文璐:《集体声誉下最低质量标准的福利效应》,《南开经济研究》2012 年第 1 期,第 134 ~ 144 页。

[16] John, W. Maxwell, "Minimum Quality Standards as a Barrier to Innovation," *Economics Letters*, 1998, 58 (3): 355 – 360.

[17] Tommaso, M. Valletti, "Minimum Quality Standards under Cournot Competition," *Journal of Regulatory Economics*, 2000, 18 (3): 235 – 245.

[18] Naoto Jinji & Tsuyoshi Toshimitsu, "Minimum Quality Standards under Asymmetric Duopoly with Endogenous Quality Ordering: A Note," *Journal of Regulatory Economics*, 2004, 26 (2): 189 – 199.

[19] Stefan Napel & Gunnar Oldehaver, "A Dynamic Perspective on Minimum Quality Standards under Cournot Competition," *Journal of Regulatory Economics*, 2011, 39 (1): 29 – 49.

[20] Anne – Célia Disdier & Stéphan Marette, "Taxes, Minimum – quality Standards and or

Product Labeling to Improve Environmental Quality and Welfare: Experiments Can Provide Answers," *Journal of Regulatory Economics*, 2012, 41 (3): 337 – 357.

[21] Kenneth Baltzer, "Standards vs. Labels with Imperfect Competition and Asymmetric Information," *Economics Letters*, 2012, 114 (1): 61 – 63.

[22] 俞灵燕、计东亚:《技术壁垒作用机理及其在服务领域的表现——一个基于 MQS 模型的经济学分析》,《财贸经济》2005 年第 7 期, 第 64 ~ 68 页。

[23] 刘瑶、王荣艳:《技术性贸易壁垒的保护效应研究——基于 "南北贸易" 的 MQS 分析》,《世界经济研究》2010 年第 7 期, 第 49 ~ 54 页。

[24] Min Chen & Konstantinos Serfes, "Minimum Quality Standard Regulation under Imperfect Quality Observability," *Journal of Regulatory Economics*, 2012, 41 (2): 269 – 291.

[25] Christopher, S. Decker, "Flexible Enforcement and Fine Adjustment," *Regulation & Governance*, 2007 (1): 312 – 328.

[26] 聂辉华、蒋敏杰:《政企合谋与矿难:来自中国省级面板数据的证据》,《经济研究》2011 年第 6 期, 第 146 ~ 156 页。

[27] Yasheng Huang, "Inflation and Investment Controls in China: The Political Economy of Central – Local Relations During the Reform Era," New York: Cambridge University Press, 1996.

[28] Jean, C. Oi, "Fiscal Reform and the Economic Foundation of Local State Corporatism," *World Politics*, 1992, 45 (1): 100 – 122.

[29] Andrew, G. Walder, "Local Governments as Industrial Firms: An Organizational Analysis of China's Transitional Economy," *American Journal of Sociology*, 1995, 101 (2): 263 – 301.

[30] Yusheng Peng, "Chinese Villages and Townships as Industrial Corporations: Ownership, Governance, and Market Discipline," *American Journal of Sociology*, 2001, 106 (5): 1338 – 1370.

[31] 杨瑞龙:《我国制度变迁方式转换的三阶段论——兼论地方政府的制度创新行为》,《经济研究》1998 年第 1 期, 第 3 ~ 10 页。

[32] 杨善华、苏红:《从 "代理型政权经营者" 到 "谋利型政权经营者" ——向市场经济转型背景下的乡镇政权》,《社会学研究》2002 年第 1 期, 第 17 ~ 24 页。

Contents

Research of Small – scale Hog Farmers' Attitude of Using Risk Prevention Technology Impacted by Food Safety Events

Wang Xiaoli   Yao Zhiwen   /003

Abstract: Through the analysis of pork safety events in 2005 – 2014, results were found that more than 52% events were related to chemical risks of pig breed which resulted from small farmers' abusing behavior of chemical products. The geographic distribution of pork safety incidents resulted from chemical risk also shows that Jiangsu province was a moderate risk area. We took 364 small scale pig farmers in Jiangsu province which the major pig producing areas as a case, based on Unified Theory of Acceptance and Use of Technology (UTAUT), Structural Equation Model (SEM) was used to analyze the main factor influencing small – scale farmers' using attitude of chemical risk prevention technology. The study found that Events Impacting, Performance Expectations, Effort Expectations and Convenient Conditions, Farmers Characteristics were significantly affect their attitude to use risk prevention technology. The influencing degree of Events Impacting and Performance Expectations for small – scale farmers receive relevant risk prevention technology were the top two respectively. Therefore, under the impact of the pork safety incidents, promoting our country the small hog farmers that in the production source to accept the chemical risk prevention technology, small pig farmers should be timely guidance, modest support to actively participation in risk prevention technology training, to aggregate the easy to learn and easy to operate chemical technology system to prevent risks for the small pig farmers. It is important to form the pattern that farmers, market and government all in food safety governance.

Key words: Pork Safety Events; Small – scale Hog Farmers; Risk Prevention Technology；Using Attitude；UTAUT

Risk Assessment of Agricultural Producers' Pesticide Application based on Bayesian Network

Wang Jianhua　Liu Zhuo　GeJiaye　/022

Abstract：In order to reasonably reflect farmers pesticide behavior risk factors and relatively accurately predict the probability of farmers pesticide application behavior. The article is based on Bayesian network theory to identify the behavior risk factors of farmers pesticides application, which builds a naive Bayesian network model. Applying data from 986 samples within China, after training and validating the model, the article calculates the posterior probabilities of farmers pesticides application behavior and assesses risk of this behavior. The results show that almost all of the farmers used pesticides. Under some specific circumstances, such as agricultural production and operation types, production and agricultural land scales, and productions' use etc. , were established respectively, the risk of unplanned spraying intervals probability would be greater. If pre – sale price of products and the pesticides price are established respectively, the fluctuation appears on how farmers mind pesticide residues. Low price of pesticides is the main reason why farmers ignore pesticide residues. In addition, the pre – sale price of agricultural products has a great impact to excessive use of pesticides. Therefore, the government should strengthen the supervision and management of the production of agricultural products and prevent the emergence of issues regarding to agricultural products actively. The authority should guide and encourage farmers using pesticides reasonably. Pesticides application training also should be considered, which helps farmers to conduct pesticides application effectively, so that the quality of agricultural products will be improved.

Key words：Pesticide Application；Risk Assessment；Bayesian Network

Rural Household Differentiation, Relational Contract Governance and Pest Control Technology Outsourcing Performance

Gao Yang   Wang Meng   /044

Abstract: Based on the survey data of 520 vegetable farmers in Shandong Province, we adopted Sustainable Livelihoods framework and took entropy method as tool to divide vegetable farmers into deficient type, normal type and abundant type. We took vegetable farmers types as moderator variables, applied the relational contract theory to build analysis framework and took multiple group structural equation model as analysis tool to study the influencing factors of the heterogeneity vegetable farmers pest control technology outsourcing performance. The results proved that trust, communication and flexibility had different influences on the outsourcing performance in significance and degree when the vegetable farmers types were different. When the government established outsourcing promotion policy, they should fully take the heterogeneity farmers' practical needs into account.

Key words: Pest Control Technology; Outsourcing Performance; Relational Contract Governance; Rural Household Differentiation

Analysis on Negative Behaviors of Pig Farmers to Use Veterinary Drugs
—Based on the Survey in Funing County

Xie Xuyan   /059

Abstract: The influencing factors affecting pig farmers to adopt negative behaviors of using veterinary drugs and characteristics of these farmers were analyzed

to enhance the accuracy of governmental supervision over farmers' negative be-
haviors and reduce safety risks of pig quality. Based on empirical investigation in-
to 654 pig farmers in Funing County, Jiangsu Province, China, the study inspec-
ted farmers' negative behaviors of using veterinary drugs in pig breeding, and ana-
lyzed characteristics of these farmers and different levels of their negative behaviors
through the Multi – element Orderly Logistic model. Farmers' negative behaviors
of using veterinary drugs are rather common, and these negative behaviors are af-
fected by farmers' basic characteristics, production and operation characteristics,
cognitive characteristics, and governmental supervision characteristics to different
degrees. Further analysis on variable marginal effect shows that with other condi-
tions remaining unchanged, male and small – scale farmers engaged in breeding
for above 10 years are more likely to use veterinary drugs negatively at the medi-
um level; medium – scale farmers are more likely to use veterinary drugs negative-
ly at the high level; farmers' educational background and awareness of forbidden
veterinary drugs, relative laws and rules, and provisions punishment are in nega-
tive correlation with levels of these negative behaviors. Male, small and medium
– scale, poorly – educated farmers engaged in breeding for above 10 years should
become the major objects of governmental supervision. We should improve
farmers' scientific literacy and public social service systems such as animal product
supervision and detection impose rigorous control over slaughter houses, to pre-
vent defective pork from entering markets.

Key words: Pig Farmers; Using Veterinary Drugs; negative Behaviors; Be-
havior Level; Farmer Characteristics

Analysis on Comparative Advantage of China's Major Crops and Regional Structural Adjustment

Lin Dayan　Zhu Jue　/072

Abstract: Due to the differences in resource endowments, technical conditions and other factors, the regional comparative advantage in crop production may differ in different regions. This paper measured efficiency advantage, scale advantage and aggregated advantage of nine major crops in 31 provinces of China systematically by EAI, EAI, as well as AAI, combing with the number of reserved arable land resources in each region, the results shows that, at present, Hubei, Guangxi should focus on the development of rice; Hebei, Shandong and other five regions should focus on wheat; Shanxi, Inner Mongolia and other eight regions should focus on the development of corn; Inner Mongolia, Jilin, Heilongjiang should focus on soybean; Hubei, Yunnan and three regions should focus on developing rapeseed; Liaoning, Shandong and other two regions should focus on peanut; Hebei, Shandong and other regions should focus on cotton, Guangxi, Yunnan should focus on sugarcane, Jilin and Xinjiang should focus on developing sugar beets.

Key words: Main Crops; Regional Comparative Advantage; Reserved Arable Land Resources; Regional Structure Adjustment

The Problems and Influence Factors of Pork Traceability System
—An Empirical Analysis Based on the Supply Chain of Pork

Xu Lingling /088

Abstract: In order to prevent food safety risk and promote the pork traceability system, in recent years, the Ministry of agriculture, China's Ministry of Commerce and the Ministry of supervision quality inspection from the respective functions of different departments, respectively, issued standards and norms to guide the implementation of pork traceability system in production, circulation and other different aspects. However, so far, the true sense of whole pork traceability system in China has not been established. Based on the pork supply chain, we investigated the pig slaughtering and processing enterprises A in Yancheng, part of the farmers market and supermarket in Yancheng, and pig farm with million pigs （hereinafter referred to as large farmers） and scattered pig farmers （hereinafter referred to as investors）. We carefully sort out the present situation and existing problems of the pork traceability system. The results found that 100% of the pigs have worn ear tag in breeding link, but the effect is non – existent, information cannot be effectively docking from farming areas to slaughter links through the ear tag, pig dealers often wear ear tag temporary. Further study found that, a deep – seated reason behind the above phenomenon is that the standard like the pig identification coding method, information recording format, the information upload specification and management platform are not unified, intelligent reading equipment and database technology supporting system are not perfect, the investment to support the operation and maintenance of pork traceability system is insufficient. Accordingly, we put forward the suggestions to improve Chinese pork traceability system.

Key words：Pork；Traceability System；Supply Chain；Problems；Influencing Factors

A Comparative Study of Consumer Preferences for Different Safety Attributes of Pork

Wu Linhai　Qin Shasha　Zhu Dian　/103

Abstract：In this study, 110 consumers in Wuxi, Jiangsu Province, China were surveyed for their preferences for attributes and attribute levels of traceable pork in a real choice experiment using random parameters logit and latent class models. Results revealed that consumers had the highest willingness to pay for government certification of traceability information authenticity. Consumers also had a higher WTP for origin labeling compared with uncertified traceability information. Moreover, traceability to slaughter and processing is alternative to local farming labeling and complementary to non – local farming labeling. Hence, despite the heterogeneity among consumer groups, all classes of consumers had a certain WTP for the local farming labeling attribute of traceable pork. Therefore, it is beneficial to include origin labeling in the traceable food attribute systems during the initial construction of traceable food markets in China.

Key words: Traceable Pork; Origin; Willingness to Pay; Real Choice Experiment

Research on the Enterprises' Investment Willingness and Investment Level for Food Traceability System

Shan Lijie   Xu Lingling   Wu Linhai   Zhu Dian   /126

Abstract: Considering the important role Zhengzhou, Henan Province plays in the Chinese food industry, this paper chooses 88 food producing enterprises that of different types in Zhengzhou as samples, uses the combined method of Penalized Likelihood Estimation and Interval Censored Regression Model to discuss and compare respectively the major factors that affect the food producing enterprises' investment willingness and investment level towards applying traceability system.

According to the research of this paper, the major factors that affect the food producing enterprises' investment willingness towards traceability system are the education background and age of the executives, sales volume, quality certification, expected return and preferential policy of the government. And the major factors that affect the enterprises' investment level towards traceability system are the industrial characteristics, sales volume of the enterprise, and expected return of the investment and the preferential policy of the government.

Key words: Food Traceability System (FTS); Investment Willingness; Investment Level; Penalized Likelihood Estimation; Interval Censored Regression Model

Brand, Certification and Formation Mechanism of Consumer Trust: The Case Study of Organic Milk

Wang Xiaonan　Yin Shijiu　/144

Abstract: Food safety crisis represented by "melamine incident" attacked consumers confidence in quality safety of dairy products, consumers' preferences for "foreign brands" dairy were intense and irrational. Brands and certifications are effective method for suppliers to delivery food quality information. Exploring whether consumers trust in Chinese and foreign brands or certifications are different has the important practical application value. This paper based on the 570 consumer data in Shandong Province, studied consumers trust in Chinese and EU brands or certifications organic milk, then used the Structural Equation Model to study the formation mechanism of consumers trust and its differences. The results indicated that consumers' own characteristics, perceived value, organic food knowledge and industry environment have significant effects on consumers trust, but the effects of food safety awareness and information exchange are complex. Consumers trust in Chinese and EU brands or certifications are different and its formation mechanisms are also different. In order to promote the public consumption confidence, we should focus on promoting organic knowledge popularization, increasing consumer experience and strengthening the industry regulation. And we should develop corresponding strategies according to consumers different trusts in Chinese and foreign brands or certifications so as to enhance the level of consumers trust. Meanwhile, it has reference value to promote the development of organic milk market.

Key words: Brand; Organic Certification; Consumer Trust; SEM

Research on Supermarkets' Behavior to Participate in Food Traceability Systems

Fang Ruijing /162

Abstract: In this paper, using the survey data of Beijing, Guangzhou and Qingdao City, 308 supermarkets, using the ordered Logistic model, an empirical analysis of the intention and influencing factors of the supermarket to participate in food safety traceability system. The results of the study show that, food can be traced back to the operating profit, first – tier cities, whether the regulatory responsibility for food safety, the supplier information transfer will take the degree of supermarket to participate in food safety traceability system positive effect, negative effect and technical difficulty and the willingness of food safety traceability system of the supermarket; the marginal effect of each of the above variables are made in the supermarket food safety traceability the system will tend to a higher willingness, and first – tier cities variables of supermarket food safety traceability system of willingness to participate in the largest marginal effect.

Key words: Food Safety; Traceability System; Supermarket; Willingness to Participate; Ordered Logistic Model

Literature Review and Prospects on Food Safety Internet Public Sentiment

Hong Wei   Wu Linhai /179

Abstract: In recent years, China's food safety incidents frequently, food safety problem has been widespread concern in society, triggered a unique food safety internet public sentiment. Correct and reasonable food safety internet public sentiment monitoring and early warning and guidance control will contribute to food safety issues early detection and early disposal. This article analyze the research content and the lack of existing literature of food safety internet public sentiment on the basis of the literature review. Then, combined with the characteristics of food safety internet public sentiment, propose the main content of the further research of food safety internet public sentiment, and provide direction for further research.

Key words: Food Safety Internet Public Sentiment; Data Mining Techniques; Evolution Rule; Complexity

Study on the Information Dissemination in the Collaboration Network of Network Medias
—A Case Study on Public Opinion Event of Fuxi Meat

Hong Xiaojuan   Jing Nan   Hong Wei   /194

Abstract: Under the environment of great development about new media, network medias conduct a series of collaborative behaviors, such as forwarding public opinion information, under the effect of different interest mechanism due to the scarcity of information resources. And the wide range, fast forwarding behavior directly promote the development of the public opinion events. On the basis of the public opinion event of Fu xi meat in 2014, Social Network Analysis is employed to dissect the structure characteristics of collaboration network, to analyze the advantages and privileges of each media in the collaboration network, and to discuss the subgroups' internal and external relations. The paper measures and analyses the network density, average shortest path, centricity, degree distribution and block models. The results indicate that, in the scale – free collaboration network of Internet medias, core medias promote the rapid dissemination of public opinion on a wide range of public opinion. Furthermore, in order to guide the benign development of the public opinion, the distributed nodes and subgroups should be the main object to be monitored according to the results of structural equivalence analysis.

Key words: Network Media; Collaboration Network; Information Dissemination; SNA; Network Public Opinion

Effectiveness of Minimum Quality Standards Regulation in China Considering the Behavior of Government and Firms

Pu Xujin   He Weimin   /207

Abstract: We divide the local governments into the central government's agent, "corporatism" economic man and profit – seeking manager of political power. Through constructing an analysis framework which consists of central government, local government, firm and consumers, the mechanism of government and firm's behavior logic influences the implementation of regulation after the central government has set the policy of Minimum Quality Standards regulation is analyzed. We show that when local government acts as a "corporatism" economic man, firm's utility and local governments' utility would increase, meanwhile, the degree of firm's compliance, consumer utility and the level of social welfare would decrease in comparison with the situation when local government acts as a central government's agent. When local government acts as a profit – seeking manager of political power, firm's utility and local government's utility are the highest, and the degree of firm's compliance, consumer utility and the level of social welfare are the lowest among the three situations. Hence, only analyzing firm and local government's specific behavior logic accurately can we forecast and appraise the real degree of firm's compliance and social welfare effect preferably.

Key words: Local Government Types; Minimum Quality Standards Regulation; Behavior Logic; Social Welfare

图书在版编目（CIP）数据

中国食品安全治理评论.2015年.第1卷:总第2卷／吴林海
主编.—北京:社会科学文献出版社,2015.7
ISBN 978 - 7 - 5097 - 7775 - 6

Ⅰ.①中…　Ⅱ.①吴…　Ⅲ.①食品安全 - 安全管理 - 研究 -
中国　Ⅳ.①TS201.6

中国版本图书馆 CIP 数据核字（2015）第 154767 号

中国食品安全治理评论（2015 年第 1 卷　总第 2 卷）

主　　编／吴林海
执行主编／王建华

出 版 人／谢寿光
项目统筹／周　丽　高　雁
责任编辑／颜林柯

出　　版／社会科学文献出版社·经济与管理出版分社（010）59367226
　　　　　地址：北京市北三环中路甲 29 号院华龙大厦　邮编：100029
　　　　　网址：www.ssap.com.cn
发　　行／市场营销中心（010）59367081　59367090
　　　　　读者服务中心（010）59367028
印　　装／三河市尚艺印装有限公司

规　　格／开　本：787mm×1092mm　1/16
　　　　　印　张：15.5　字　数：244 千字
版　　次／2015 年 7 月第 1 版　2015 年 7 月第 1 次印刷
书　　号／ISBN 978 - 7 - 5097 - 7775 - 6
定　　价／69.00 元

本书如有破损、缺页、装订错误，请与本社读者服务中心联系更换

Ⓐ 版权所有 翻印必究